대사증후군
식사 가이드

올바른 식사법으로
성인병을 예방하는

대사증후군
식사 가이드

강남세브란스병원 이지원 교수·영양팀, CJ프레시웨이 지음

CYPRESS
싸이프레스

머리말 · 008

=== PART 1 ===

**몸에서 보내는 건강 경보 신호등,
대사증후군**

1. 대사증후군이란? · 014

대사증후군의 진단 · 015

2. 대사증후군, 제대로 이해하기 · 016

대사증후군의 원인 · 016
복부 비만(내장 비만) · 016
마른 비만(마른 체형에 복부 비만)도 위험 · 017
고혈압 · 019
이상지질혈증 · 019
인슐린저항성 · 020
증상이 없어 더 위험한 대사증후군 · 021

3. 만병의 예방!! 대사증후군 치료 · 022

대사증후군 치료 방법 · 022
체중 감량으로 증상 개선 · 023
운동으로 효과를 배가시키기 · 023
건강한 생활 습관 들이기 · 026
대사증후군 사례 · 031

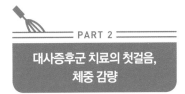

=== PART 2 ===

**대사증후군 치료의 첫걸음,
체중 감량**

1. 건강한 체중 감량을 위해
  "열량은 적게, 영양소는 균형 있게" · 036

목표 체중 정하기 · 036
하루 섭취 열량 정하기 · 036
다량영양소(Macronutrients)의 황금 비율 유지하기 · 037

2. 건강한 체중 감량을 위한 생활 습관 전략 · 040

열량 섭취 줄이기: 식사량을 줄이자 · 040
열량 소비 늘이기: 활동량을 증가하자 · 040
영양 채우기: 매일 다양한 식품을 먹자 · 041
선택하기: 좋은 식품 vs 나쁜 식품 · 041

3. 유행하는 체중 조절을 위한 식사 요법의 허와 실 · 048

간헐적 단식 · 048
고지방저당질 식사 · 049
떠오르는 식사 요법, 지중해 식사 · 051
고지방저당질 식사 사례 · 052

=== PART 3 ===

**건강 식단으로
실천하기**

1. 건강 식단 첫걸음 · 056

식품의 종류와 양으로 하루 적정 열량 기억하기 · 056
처음에는 하루 한 끼라도 제대로 먹는 습관 기르기 · 058
자신의 식습관을 파악해 식사 문제점 고쳐나가기 · 058
식사 일기 사례 · 059

2. 대사증후군 치료 효과를 배가시키는 식습관들 · 060

열량을 줄여 조리하기 · 060
니트 열량 증가하기 · 062
하루 3회 규칙적으로 식사하기 · 062
아침 식사 꼭 하기 · 063
간식은 200kcal 내에서 먹기 · 063
같은 열량이라도 야식은 금물 · 064
짜고 맵지 않게 먹기 · 064
채소나 전곡류 식품으로 식이섬유 많이 먹기 · 065
천천히 먹는 습관 들이기 · 066
영양성분 파악하며 외식하기 · 066
술보다 안주가 더 큰 문제 · 068
유지 관리를 위하여 · 069

PART 4

대사증후군을 위한 열량 맞춤 레시피

레시피를 시작하기 전에 · 074

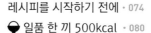 일품 한 끼 500kcal · 080

구운버섯비빔밥 · 082

주꾸미비빔소바 · 084

중화풍해물순두부 덮밥 · 086

닭고기완자탕면 · 088

두부소스라자냐 · 090

소고기소보로덮밥 · 092

소고기숙주팟타이 · 094

가자미스팀구이 · 096

그린리소토 · 098

매운돼지고기덮밥 · 100

오리월남쌈 · 102

카프레제냉파스타 · 104

뿌리채소전복영양밥 · 106

황태곤약비빔국수 · 108

퀴노아스테이크 · 110

등심아몬드밀크 파스타 · 112

토마토홍합찜 · 114

우엉잡채덮밥 · 116

포두부오므라이스 · 118

콩나물겨자채국수 · 120

헬시모둠초밥 · 122

누들두부소바마끼 · 124

곤약쌀우엉영양밥 · 126

구운가지칠리 라구라이스 · 128

감자면짜장 · 130

허브오징어구이 갈릭라이스 · 132

셀러리새우볶음밥 · 134

버섯카레우동과 방울토마토 절임 · 136

안초비오일파스타와 콜리플라워피클 · 138

소고기채소스튜 · 140

치킨그린커리 · 142

단호박뇨키핫시금치 샐러드 · 144

구운라타투이 · 146

이탈리아식 고등어구이 · 148

🍚 가벼운 한 끼 300kcal · 150

디톡스그린샐러드
· 152

디톡스옐로우샐러드
· 154

디톡스레드샐러드
· 156

구운연어랩샐러드
· 158

다섯가지콩샐러드
· 160

콜리샐러드
· 162

골뱅이아보카도
샐러드 · 164

불고기메밀묵샐러드
· 166

고소한양배추전
· 168

차돌박이배추대파찜
· 170

타불레
· 172

퀴노아삼계죽
· 174

오자죽
· 176

근대불고기루새우죽
· 178

바지락주꾸미샐러드
· 180

버섯안심샐러드
· 182

매운당근허머스
샐러드랩 · 184

바질씨드베리스무디
· 186

그린스무디
· 188

고구마콩비지수프
· 190

돼지고기토마토수프
· 192

단호박햄프씨드수프
· 193

🍚 심플, 혼밥 한 끼 500kcal · 194

달걀쌀국수
· 196

칠리치킨볼스튜
· 198

맑은순두부탕
· 200

헬시스프레드베이글
· 202

오픈샌드위치
· 204

호밀그리스식
샌드위치 · 206

콩나물오징어짬뽕
· 208

게살케일볶음밥
· 210

청양풍오리숙주
볶음우동 · 212

연어유부초밥
· 214

낫토마덮밥
· 216

명란아보카도덮밥
· 218

바다내음비빔밥
· 220

버섯샤브전골
· 222

도토리묵어묵면
떡볶이 · 224

포두부말이
· 226

치킨스크램블덮밥
· 228

콥라이스
· 230

굴포두부오일파스타
· 232

렌틸콩호박리소토
· 234

어니언비프파히타
· 236

시금치고구마피자
· 238

바삭닭가슴살
파스타샐러드 · 240

쌀떡프리타타
· 242

🍚 간식 100~200kcal · 244

콩비지새우쿠키
· 246

캐슈넛대추바
· 248

병아리콩스낵
· 250

케일칩
· 252

카카오채소칩
· 254

오트밀사과컵케이크
· 256

퀴노아에그베이크
· 258

통밀바나나당근
케이크 · 260

메밀쿠키
· 262

아몬드쿠키
· 264

고소한그래놀라바
· 266

두부브로콜리와플
· 268

콜리플라워그라탕
· 270

고구마사과와플
· 272

버섯파운드케이크
· 274

촉촉한비트브라우니
· 276

햄프씨드바나나볼
· 278

오트밀요구르트
· 279

건포도우유
· 280

씨드푸딩
· 281

하루 1500kcal 맞춰 골라먹는 일주일 식사 가이드 · 282

올바른 정보와 꾸준한 실천을 위한
『대사증후군 식사 가이드』의 출간을 축하합니다

●

우리나라도 복부 비만, 혈압 및 혈당 상승, 혈중 지질 이상 등 만성적 건강 이상 상태로 인해 고혈압 등 뇌·심혈관계 질환과 당뇨병 발병의 위험도를 증가시키는 대사증후군 환자 발생률이 높아지고 있습니다. 〈2016년 건강 검진통계연보〉에 따르면 우리나라에서도 국민 4명 중 1명이 대사증후군을 진단 받으며, 70대 이상 고령자 절반이 대사증후군 환자라고 발표했을 만큼 대사증후군은 국민의 건강을 위협하고 있습니다. 현대인들의 불규칙한 식습관, 과식, 폭식, 과음 등이 복부 내장 지방을 증가시켜 대사증후군 발병률을 높이고 있습니다. 대사증후군은 특별한 증상이 없어 그대로 방치되는 경우, 건강에 심각한 악영향을 초래하게 됩니다. 즉, 대사증후군의 관리나 치료는 당뇨병, 뇌·심혈관계 질환의 예방과 치료라는 점에서 중요한 의미를 가집니다. 대사증후군은 생활 습관병으로 환자 스스로 식단 관리와 생활 습관을 꾸준히 건강하게 개선하는 것이 우선 되어야 합니다.

한편 대사증후군에 대한 치료 방안, 예방법 등을 다루는 다양한 정보와 의견은 많으나, 신뢰성 있고 구체적인 정보가 많지 않은 것이 현실입니다. 이 책은 현대인들이 바쁜 일상 속에서 대사증후군을 예방하고 관리할 수 있도록 대사증후군이 무엇인지, 어떻게 치료하고 관리해야 하는지 등 대사증후군에 대한 자세한 이해와 진단 방법, 영양 관리와 식단 관리 및 생활 습관 개선 등에 대해 전문적이면서 체계화된 실질적인 솔루션을 제시하였습니다. 이러한 지식을 바탕으로 한국인들에게 맞게 영양 균형을 맞춰 식생활 개선에 도움을 줄 수 있도록 칼로리별로 다양한 레시피를 소개하여 간편하게 만들어 부담 없이 섭취할 수 있도록 하였습니다.

이 책『대사증후군 식사 가이드』는 대사증후군에 대한 정확한 이해는 물론 건강한 식재료와 균형 잡힌 영양 관리 및 식단 관리로 대사증후군 예방과 치료를 도모할 뿐만 아니라 삶의 질 향상에도 기여할 것으로 생각합니다.

마지막으로 이 책의 출간을 위하여 바쁘신 중에도 시간을 내주시고 아낌없는 노력을 해주신 강남세브란스병원 이지원 교수와 영양팀 김형미 팀장, 김우정 차장, 그리고 CJ프레시웨이와 출판사에 진심으로 감사를 전합니다.

강남세브란스병원 원장 **윤동섭**

음식만으로 환자를 고칠 수 있으면
약은 약통에 그대로 두라

●

필자가 비만과 대사증후군 관련 진료를 시작한 지 어언 15년이 지났습니다. 필자가 대사증후군 영역에 관심을 가지게 된 이유는 대사증후군 예방과 조기 치료가 고혈압, 당뇨병, 고지혈증 등 심혈관 질환, 암, 치매 등 다양한 만성 질환을 다스리는 데 가장 효과적인 방법이라는 사실이 매력적으로 다가왔기 때문입니다. 대사증후군의 치료는 만성 질환으로 인한 개인의 건강 회복뿐 아니라 사회적으로 의료 비용을 낮추는데 10배, 20배 이상의 큰 효과를 볼 수 있습니다.

최근 우리나라도 생활 습관의 서구화로 인해 대사증후군 환자가 크게 증가하고 있습니다. 그동안 대사증후군 환자를 진료하면서 가장 중요하게 강조해왔던 것은 효율적으로 움직이는 법(운동)과 함께 잘 먹는 법(식사)을 통한 생활 습관의 교정입니다. 4차 산업시대를 맞아 빠르게 의료 기술이 발달하고 수많은 유전 정보와 데이터 분석으로 인해 인체와 건강에 미치는 요인들이 속속 밝혀지고 있지만, 음식만큼 강력하게 우리의 삶과 건강에 영향을 미치는 인자는 없는 것으로 생각됩니다. 의학의 아버지로 불리는 히포크라테스는 '음식만으로 환자를 고칠 수 있으면 약은 약통에 그대로 두라'고 가르치셨다고 합니다. 고대 아유르베딕 속담에는 '식사법이 잘못되었다면 약이 소용없고, 식사법이 옳다면 약이 필요 없다'고 하였습니다. 선조들의 이러한 음식과 영양에 대한 지혜가 오늘날 현대 영양학적인 관점에도 그대로 적용됩니다.

그동안 제한된 진료 시간에 많은 환자를 만나야 하는 의료 현실로 환자 개개인의 상태나 상황에 맞는 올바른 식사법에 대하여 구체적인 도움을 드리지 못하여 안타까웠습니다. 이제 이 책을 통해 환자분께 대사증후군에 대한 의료 정보와 함께 이에 대한 올바른 식사법, 그리고 다양한 메뉴를 전할 수 있게 되어 얼마나 반가운지 모릅니다.

이 책을 통해 많은 분들이 대사증후군에 대해 쉽게 이해하고, 먹는 즐거움과 함께 건강도 한꺼번에 챙기는 즐겁고 행복한 식사 시간을 갖게 되시기를 소망합니다. 이 책이 나올 수 있도록 큰 도움을 주신 주변의 여러 환자분들과 무엇보다 책 발간에 함께 참여하여 주신 강남세브란스병원 영양팀과 CJ프레시웨이에 진심으로 감사의 마음을 전합니다.

강남세브란스병원 가정의학과 교수 **이지원**

기적의 식품은 없습니다,
기적의 식습관은 있습니다

●

속담에 고진감래라는 말이 있습니다. 쓰디 쓴 일이 다하면 낙이 온다는 말이지요. 그런데 현대인의 영양에는 그 속담이 거꾸로 적용됩니다. '감진고래'입니다. 달고 짭짤한 음식을 많이 먹게 되면 대사증후군이라는 질병(고생)이 찾아온다는 의미입니다. 대사증후군은 습관병이라고도 합니다. 잘못된 습관을 고치지 않으면 고쳐지지 않는다 해도 과언이 아닙니다. 특히 40세가 넘게 되면 기초대사량이 서서히 줄면서 먹는 양을 줄여야 합니다. 그런데 우리는 그때부터 더 많이 먹게 됩니다. 반대로 운동량은 현저하게 줄어들면서 몸에서 사용되고 남은 열량은 그대로 복부에 지방으로 저장됩니다. 더 큰 문제는 현대인의 바쁜 생활, 핵가족화, 일인 가족 시대 등으로 제대로 챙겨 먹는 것이 어려워졌다는 현실입니다.

대사증후군이라는 진단을 받은 환자가 식사 교육을 받기 위해 영양사를 찾아옵니다. 영양사가 대사증후군을 위한 식사 원칙을 말씀드리면, 많은 분들이 그렇게 챙겨 먹을 수가 없다고 하면서 낙담하거나, 어느 정도 하다가 포기합니다. 환자분들의 생활 양식이 다양해지고 바빠지면서 식사에 신경을 쓸 여력이 없다고들 호소합니다. 한식의 백반식은 밥과 단백질 찬과 채소 찬으로 구성되어 있어, 그 자체로 건강식입니다. 그러나 한식으로 매끼 다양한 찬을 챙겨 먹는 일은 현대인에게 불가능에 가깝습니다. 어디 그 뿐인가요? 미디어나 SNS를 통해 체중 감량에 대한 정보는 넘치면서 오히려 헛갈릴 뿐입니다. 영양팀에서는 환자분들의 이러한 호소와 고충을 들으면서, 어떻게 하면 쉽고 간단하게 건강식, 균형식을 할 수 있는 법을 알려드릴까에 대해 고민을 하게 되었습니다. 그 결과, 대사증후군을 위한 식사 원칙을 바탕으로 건강에 좋은 식재료를 활용하여 집에서 쉽게 만들 수 있는 메뉴를 제시하게 되었습니다. 본 책에서는 일품 메뉴를 선정하여 쉽게 요리하여 먹을 수 있게 하였습니다. 매끼 건강한 한식 차림으로 먹기 어려울 경우, 이 메뉴를 활용하면 됩니다. 각 메뉴별로 영양의 균형이 맞추어져 있어 제시한 양대로 요리해서 먹으면 다른 음식을 곁들이지 않고도 한 끼는 '끝'입니다. 이 책의 메뉴를 한 끼, 한 끼 적용해 보면서 몸의 변화를 살펴보시기 바랍니다. 어느 정도 기간이 지나면 허리띠를 줄여야 할 것입니다.

끝으로 이 책을 통해, 대사증후군 환자분들의 건강한 식습관을 위한 현실적인 고충과 혼란들이 조금이나마 해결되고, 건강이 회복되기를 희망합니다. 또한 책의 기획부터 원고, 메뉴 개발, 교정, 이 긴 여정을 함께 하여 주신 대사증후군 분야의 명의 강남세브란스병원 가정의학과 이지원 교수님과 CJ프레시웨이에게 더할 나위 없이 멋진 동반자였음을 전합니다.

강남세브란스병원 영양팀 **김형미, 김우정**

건강한 식생활,
'대사증후군' 극복의 지름길입니다

●

요즘 현대인들에게는 서구화된 식습관으로 기름진 음식이나 인스턴트 음식을 과다 섭취하는 일이 보편화되고 있습니다. 특히 직장인들은 바쁜 일상으로 아침은 거르고 점심은 맵고 짠 국, 탕, 찌개류로 해결하는 경우도 빈번하며, 퇴근길 삼겹살에 소주는 거부할 수 없는 유혹이 돼버린 지 오래입니다.

결과적으로 불규칙한 식습관과 과음, 과식으로 복부지방이 쌓이게 되는 결과를 초래하였습니다. 한 조사에 따르면 우리나라 30세 이상 성인 4명 중 1명은 대사증후군을 호소하는 것으로 알려져 있습니다. 생활 습관병으로도 불리는 대사증후군은 특별한 증상이 없기 때문에 장기간 방치하는 경우도 많습니다. 대사증후군을 방치할 경우 고혈당, 이상지질혈증, 고혈압 등의 심혈관 질환이나 뇌졸중의 위험성을 높여 건강에 악영향을 초래하기도 합니다. 이 때문에 평소 식생활과 생활 습관의 관리를 통해 대사증후군을 사전에 예방해야 합니다.

이 책은 일상생활에서 대사증후군을 예방할 수 있는 식생활과 생활 습관의 개선에 전문적이고 체계적인 솔루션을 제공함으로써 보다 건강한 삶을 영위할 수 있는데 도움을 줍니다. 무엇보다도 국내 최고 의료기관이라 자부할 수 있는 연세대학교 강남세브란스병원 의료진과 강남세브란스병원 영양팀, 그리고 CJ프레시웨이 메뉴개발팀이 힘을 모아 대사증후군 예방에 관련한 가이드를 총망라했습니다.

이 책은 현대인들이 바쁜 일상 속에서 작은 관심과 노력으로 대사증후군을 충분히 예방하고 관리할 수 있도록 체중 조절은 물론이며, 혈당과 혈압 관리를 위한 식사 관리를 제공합니다. 또한 중성지방은 낮추고 불포화지방산을 높일 수 있는 식사 관리법과 함께 좋은 생활 습관 지침, '열량 맞춤 레시피' 등의 구체적인 정보를 담아 누구나 손쉽게 따라할 수 있도록 했습니다. 건강한 식재료와 균형 잡힌 식단, 그리고 적절한 운동을 병행함으로써 충분히 예방 가능한 질환인 대사증후군을 한번에 잡을 수 있도록 구체적인 실천 방향을 제시한 만큼 여러분들의 건강한 삶에 큰 도움이 되길 희망합니다.

끝으로 이 책이 출간되기까지 아낌없는 지원과 노력을 해주신 많은 분들께 진심으로 감사의 인사를 전합니다.

CJ프레시웨이 대표이사 **문종석**

PART 1

몸에서 보내는
건강 경보 신호등,
대사증후군

우리나라 30세 이상 성인의 25%가 대사증후군의 위험에 노출되어 있다. 대사증후군은 뇌심혈관 질환 및 당뇨병, 고혈압의 위험을 높이는 건강 이상 상태의 집합으로, 내 몸에서 보내는 건강 경보 신호등이다. 그래서 질병으로 진행되기 전에 대사증후군을 개선하는 것이 중요하다. 이를 위한 첫걸음으로 본 파트에서 대사증후군의 원인과 진단, 그리고 치료 등 의학적인 정보를 제공하고자 한다.

대사증후군이란?

2016년 국민건강보험공단에서 발표한 건강보험 지역·직장 가입자의 건강 검진 판정·결과 보고서인 '2016년 건강 검진통계연보'에 따르면 국민 4명 중 1명은 대사증후군을 진단받으며, 70대 이상 고령자 절반은 대사증후군 환자라고 한다.

대사증후군은 만성적인 대사 장애로 인해 복부 비만(내장형 비만), 혈압 상승, 혈당 상승, 혈중 지질 이상 등의 건강 이상 상태의 집합을 의미한다. 대사증후군이 치료되지 않으면 심혈관계 혹은 뇌혈관질환, 당뇨병의 발병의 위험도가 10배 이상 증가한다. 과거에는 인슐린저항성증후군 또는 X증후군으로 불리다가 1988년 세계보건기구(WHO)에서 '대사증후군'으로 명명하였다.

2016년 건강 검진통계연보

⟨건강 검진 검사자 4명 중 1명 진단⟩

고혈압, 고혈당, 고지혈증, 복부 비만, 콜레스테롤 등에서 **3가지 이상** 앓는 상황

⟨60대부터 남녀 비율 역전⟩

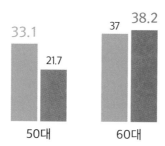

자료: 건강보험공단 / 단위: %

대사증후군의 진단

관련 의학회에서 2009년에 대사증후군의 진단 기준을 제시하였다. 대사증후군의 5가지 인자를 규명하고 각각의 진단 기준을 정해, 그중에 3가지 이상이 부합되면 대사증후군으로 진단하기로 하였다. 진단 기준 중 허리둘레는 각각의 국가별 기준을 따르는데, 우리나라에서는 대한비만학회에서 한국인의 복부 비만 기준으로 허리둘레를 남자는 90cm 이상, 여자는 85cm 이상으로 제시하였다.

대사증후군의 5가지 진단 기준

위험인자	진단 기준
복부 비만 (허리둘레)	인종이나 국가에 따라 정한 기준에 따름 우리나라의 경우 남자 90cm 이상 ,여자 85cm 이상
혈압	130/85mmHg 이상이거나 고혈압 약제 복용자
중성지방	중성지방 수치가 150mg/dL이거나 이상지질혈증 관련 약제 복용자
HDL콜레스테롤	남자 40mg/dL, 여자 50mg/dL 미만이거나 이상지질혈증 관련 약제 복용자
공복 혈당	100mg/dL 이상이거나 당뇨병 관련 약제 복용자

☑ 대사증후군 자가 진단 체크리스트

대사증후군의 5가지 위험인자를 실생활에서 쉽게 파악할 수 있는 기준이다. 아래 항목들에서 3가지 이상이면 대사증후군을 의심할 수 있다.

☐ 허리가 엉덩이에 비해 굵다.
☐ 공복 혈당이 높다.
☐ 중성지방이 높다.
☐ 체지방량이 높고 근육량이 부족하다.
☐ 스트레스를 받았을 때 단 음식이 당긴다.
☐ 스트레스를 받았을 때 당질 위주의 간식이 당긴다.
☐ 폭식한다.

대사증후군,
제대로 이해하기

대사증후군의 원인

대사증후군의 원인은 명확하게 규명되지 않았지만 현재까지는 관련 학회에서 복부 비만(내장 비만)과 인슐린저항성이 공통적인 원인이라고 제시하고 있다. 즉, 복부 비만은 인슐린저항성을 유발하는 원인이 되며, 인슐린저항성은 대사증후군으로 인해 동반되는 5가지 질환들과 정도의 차이는 있지만 밀접한 연관성이 있는 것으로 밝혀지고 있다.

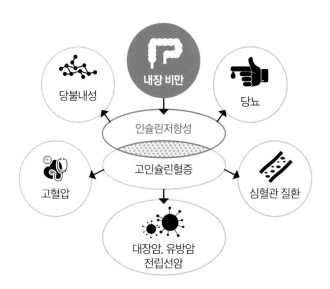

복부 비만(내장 비만)

복부 비만은 대사증후군의 5가지 인자 중 가장 대표적인 증상이다. 대사증후군으로 동반되는 질환들이 복부 비만에서 기인한다고 해도 과언이 아니다. 일반적으로 인체 내에서 지방은 에너지를 저장하는 조직으로만 간주되었는데, 최근에 내분비기관으로 밝혀지고 있다. 지방조직에서는 다양한 호르몬들(아디포카인)이 분비되고 이들 아디포카인이 염증 반응 혹은 항염증 반응을 일으키기도 하고 인슐린저항성에 영향을 미쳐 다양한 질병과 관련이 있는 것으로 알려지

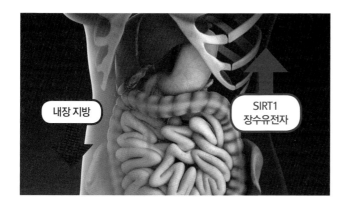

고 있다. 최근 한 연구에서 복부 내장 지방이 생체시계 유전자 발현에 영향을 주어 인체의 '24시간 1주기 리듬'을 흐트러뜨릴 수 있다는 연구 결과를 보고하였다. 복부 내장 지방과 피하 지방의 면적과 생체시계 유전자 발현의 상관관계를 분석한 결과, 내장 지방이 생체시계 유전자 발현에 영향을 미치는 반면, 피하 지방 면적은 어떤 유전자와도 관련성이 없었다. 그뿐만 아니라 내장 지방이 증가하면 산화스트레스가 증가하고 에너지를 생성하는 기관인 미토콘드리아의 수가 감소하면서 장수유전자인 SIRT1(썰트인원) 유전자의 발현이 떨어지는 반면, 내장 지방이 줄어들면 장수유전자의 활성화가 증가하는 것으로 나타났다.

마른 비만(마른 체형에 복부 비만)도 위험

마른 비만이란 체중은 정상 범위이거나 적게 나가지만 팔, 다리는 가늘고 배만 볼록 나온 복부 비만인 체형을 의미한다. 마른 비만은 과체중 비만보다 대사증후군의 발생 위험이 높은 고위험군이 될 수 있다. 특히 나이가 들수록 마른 비만이 많아지는 양상을 보이는데, 이는 근육량

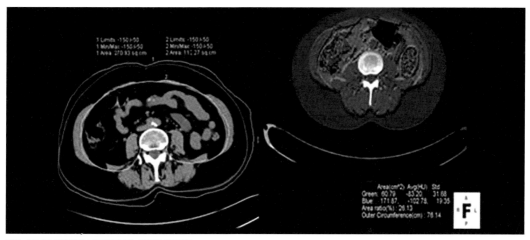

지방 측정 CT 스캔 사진, 마른 비만(좌), 건강한 비만(우)

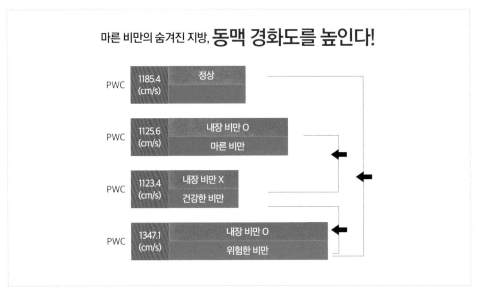

마른 비만의 숨겨진 지방, **동맥 경화도를 높인다!**

PWC 1185.4 (cm/s) 정상

PWC 1125.6 (cm/s) 내장 비만 O / 마른 비만

PWC 1123.4 (cm/s) 내장 비만 X / 건강한 비만

PWC 1347.1 (cm/s) 내장 비만 O / 위험한 비만

Clinical Endocrinology (2007)66, 572-579

이 줄어들고 체지방률이 높아지기 때문이다. 여기에 노화로 인한 다양한 반응도 복합적으로 관여해 마른 비만이 많아지게 된다.

실제로 강남세브란스병원을 내원하여 비만 검진을 받은 사람들을 대상으로 분석했을 때 체질량지수는 정상이지만 복부 비만이 있는 마른 비만의 경우, 체질량지수가 높고 체중이 많이 나가지만 내장 비만이 없는 사람들에 비해 동맥경화도가 높은 것을 알 수 있었다.

그 밖에도 미국 노스웨스턴대학 연구팀에 의하면 복부 비만이 있는 마른 비만인 경우 치매 위험이 3~5배 정도 높아진다는 연구 결과가 나온 적이 있다. 정상 체중이면서 배만 볼록 나온 마른 비만(BMI 25 미만, WHR 0.8 이상)은 복부 비만이 없고 체중도 정상인 사람(BMI 25 미만, WHR 0.8 미만)과 신체 전체가 비만인 사람(BMI 30 이상)보다 치매 발병 위험이 각각 5배, 3배 정도 높았다. 이는 복부에 쌓인 지방이 혈관을 타고 돌다가 뇌혈관을 막거나, 지방세포가 분비하는 염증 물질이 뇌혈관을 변형시켜서 치매를 유발할 수 있기 때문이다. 또 지방은 뇌의 신경 전달물질과 뉴런을 만드는데, 복부 내장 지방이 많아지면 이 과정에서 불균형이 생겨 치매 위험이 증가할 수 있다.

고혈압

정상혈압인 사람에 비해 고혈압 환자에서 비만, 당뇨병, 고지혈증, 고요산혈증 등이 같이 동반되는 경우가 더 많이 나타난다. 특히 고혈압 환자의 절반 이상은 인슐린저항성이 동반되어 있다. 대사증후군에서 동반되는 인슐린저항성으로 인하여 혈관의 내피 기능 손상과 강력하게 혈관을 확장하는 물질인 일산화질소(nitric oxide; NO)의 생성에 장애가 와서 결국 혈압을 오르게 한다. 그뿐만 아니라 인슐린저항성으로 교감신경계가 항진되어 혈관이 증식하고 혈소판이 응집되는 등 심장 질환을 유발할 수 있게 된다. 이처럼 고혈압과 인슐린저항성은 밀접한 관련이 있으므로 치료할 때도 마찬가지로 한쪽을 치료하면 다른 쪽이 좋아지게 된다.

이상지질혈증

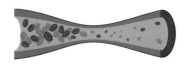

이상지질혈증은 혈액에 HDL콜레스테롤이 기준치보다 낮거나 LDL콜레스테롤과 중성지방 수치가 높은 경우의 두 가지 상태 모두를 포함한다. 혈액 중에 진단되는 콜레스테롤은 몇 가지 콜레스테롤로 구분된다. HDL콜레스테롤은 몸에서 일어나는 산화와 염증 반응을 억제하고 동맥경화를 예방하는 건강에 좋은 콜레스테롤이다. 반대로 LDL콜레스테롤과 중성지방은 심·뇌혈관 질환과 동맥경화를 일으키는 건강에 나쁜 콜레스테롤이다. 이 중에 혈중 중성지방 수치와 HDL콜레스테롤 수치가 대사증후군의 주요 인자가 된다. 이상지질혈증을 치료하기 위해서는 체중 감량, 금주, 운동, 금연 등 생활 습관 교정이 1차 치료이다. 그러나 생활 습관을 교정하여도 혈중 중성지방 수치가 목표 수치인 150mg/dL에 도달하지 못하면 약 복용을 고려해야 한다.

중성지방의 증가는 과체중과 비만, 신체 활동 부족, 과도한 음주, 고당질 식사, 만성 질환, 스테로이드나 일부 여성호르몬 제제, 유전적 소인 등의 다양한 원인에 의해 나타나므로 주요 원인을 파악할 필요가 있다.

$$총\ 콜레스테롤 = LDL콜레스테롤 + 중성지방 / 5 + HDL콜레스테롤$$

혈중 HDL콜레스테롤은 인슐린저항성, 중성지방 상승, 과체중과 비만, 신체 활동 저하, 제2형 당뇨병, 흡연, 고당질 식사, 스테로이드와 일부 여성호르몬 제제 등에 의해 낮아지게 된다.

HDL콜레스테롤의 수치는 중성지방 상승의 위험인자를 공유하고 있기에 중성지방을 낮추는 생활 습관을 유지한다면 HDL콜레스테롤을 높일 수 있다. 무엇보다 운동 등 신체 활동을 꾸준히 늘리면 HDL콜레스테롤이 증가하게 된다.

한편 콜레스테롤은 30%만이 음식물에서 흡수되고 나머지는 우리 몸에서 자체적으로 조율하면서 만들어지므로 최근에는 콜레스테롤을 많이 섭취하더라도 혈중 콜레스테롤이나 중성지방이 증가하지 않는다는 연구들이 보고된 바 있다. 하지만 모든 사람들이 기름진 음식을 먹어도 혈중 콜레스테롤이 자가 조절되는 것은 아니다. 대부분의 건강한 사람들은 콜레스테롤 섭취에 따라 혈중 콜레스테롤이 쉽게 증가하지 않지만 이미 고지혈증 약을 복용하고 있거나 어느 정도 혈중 콜레스테롤이 높은 고위험군은 콜레스테롤 섭취가 많아질수록 더욱 쉽게 혈중 콜레스테롤이 증가할 수 있으므로 주의를 요한다.

인슐린저항성

인슐린저항성이란 우리 몸에 중요한 호르몬인 인슐린의 생산, 기능 등에 문제가 발생하여 체내 세포, 근육, 간, 지방조직에서 이 호르몬의 역할이 제대로 수행되지 못하는 상태를 말한다.

인슐린저항성이 생기면 첫째, 혈액에 있는 혈당을 세포로 집어넣어 주지 못하거나 제거하지 못하여 혈액 속 혈당이 높아지고 둘째, 결국 근육에서는 혈액 속의 포도당을 이용하지 못하게 되며 셋째, 지방조직도 혈액 속을 떠도는 지질을 지방세포 내로 저장하지 못하여 중성지방이 분해되어 유리지방산 형태로 혈액 속에 분비된다. 인슐린저항성이 생기는 자세한 이유는 정확히 밝혀지지 않았지만 인슐린 수용체의 부족을 원인으로 생각하고 있다. 인슐린 수용체는 인슐린이 결합되어 작용을 나타나게 하는 곳이다. 인슐린 수용체가 부족한 이유는 대체적으로 복부비만이나 운동 부족이 수용체 감소에 작용하는 것으로 생각된다.

인슐린저항성이 개선되지 않고 지속되게 되면, 세포에서는 에너지 대사의 재료인 포도당이 부족하게 되어 인슐린을 분비하는 췌장으로 신호를 보내고, 췌장은 인슐린 양이 부족한 것으로 판단하여 인슐린을 더 많이 분비하게 되어 고인슐린혈증을 초래하게 된다. 이 상태가 장기간 경과하게 되면 결국 당뇨병으로 진행하게 된다.

실제로 내원 환자의 진료 시 작년 검진 결과에서 정상 혈당이었는데, 올해 갑자기 당뇨를 진단받았다며 이상하다고 여기는 사람들이 종종 있다. 이런 경우, 대부분 오랜 기간 복부 비만이 진행되면서 몸속에서는 이미 인슐린저항성과 고인슐린혈증이 일어나고 있었고 마침내 인슐린 분비의 한계에 달아 당뇨병으로 발현된 것으로, 몸에서 건강 경보 신호를 보냈지만 알아채지 못해 당뇨라는 적신호가 켜진 것이다.

성인을 기준으로 제2형 당뇨병이 발생하기 이전에 고인슐린혈증이 나타난다. 고인슐린혈증은 체내에서 인슐린저항성이 나타나게 되면 이를 보상하기 위해서 췌장의 베타세포에서 최대 인슐린을 분비하여 나타나는 현상이다. 따라서 인슐린저항성이 개선되지 않으면 고인슐린혈증이 나타나고 이는 곧 당뇨병으로 발병된다. 가장 쉽게 인슐린저항성을 일으키는 것은 복부 비만으로 인한 내장 지방의 증가이다. 따라서 복부 비만을 줄이면 고인슐린혈증과 인슐린저항성을 감소시킬 수 있고 이로 인해 당뇨병의 발생도 줄일 수 있다.

증상이 없어 더 위험한 대사증후군

선진국에서는 이미 심근경색이나 협심증 등 관상 동맥 질환이 가장 큰 보건 문제 중의 하나인데, 대사증후군은 심혈관 질환이나 그로 인한 사망의 독립적 예측 인자로 잘 알려져 있다. 대사증후군을 진단 받은 사람은 대사증후군 요소가 없는 사람에 비하여 심혈관 질환 위험은 3~6배 높다. 그뿐만 아니라 이러한 질환은 이상지질혈증, 고혈당, 고혈압, 인슐린저항성과 같은 대사증후군, 혈관염증 증가 및 내피세포의 이상이 원인으로 알려져 있다. 대사증후군의 요소를 한두 가지 가진 경우라도 심혈관 질환의 위험이 증가하는 것으로 알려져 있다. 문제는 대사증후군은 특별한 증상이 없는 경우가 대부분이어서 그대로 방치하다 어느 날 갑자기 심·뇌혈관질환이 발생한다는 것이다. 우리나라의 경우에도 대사증후군 요소를 한 가지 이상 가진 사람이 성인의 70% 정도로 대사증후군에 대하여 방심할 때가 아니다. 따라서 대사증후군의 기본적인 원인이 되는 체중 증가 및 복부 비만이 나타나게 되면 즉각적으로 체중 조절에 돌입해야 한다.

만병의 예방!!
대사증후군 치료

대사증후군의 관리나 치료는 동반된 당뇨병, 고혈압, 이상지질혈증 및 뇌·심혈관 질환의 예방과 치료라는 점에서 중요한 의미를 가진다. 특히 성인이 되면서 대사증후군의 위험 요소를 조기에 발견하여 생활 습관 개선 및 약물 요법을 적용하면서 지속적으로 관리하여야 한다. 한편 체중 또는 허리둘레가 증가하거나, 건강 검진 시 대사증후군의 위험 요소가 발견되면 그대로 방치하지 말고 병원에 방문하여 상태 및 원인을 파악하여 본격적으로 치료에 돌입해야 한다.

대사증후군 치료 방법
대사증후군 치료의 목표는 첫째는 대사증후군의 원인인 인슐린저항성의 개선이고, 둘째는 대사증후군으로 발병한 각 질환에 대한 약물 요법이다.

인슐린저항성을 개선하기 위해서는 식사 조절과 운동 등의 생활 습관 개선을 통한 체중 감량이 우선되어야 한다. 체중 감량은 대사증후군의 다양한 구성 요소를 한꺼번에 해결할 수 있는 치료 중 가장 기본 치료법으로 6개월 동안 기준 체중의 10%를 줄이는 것이 치료 지침으로 제시되고 있다.

대사증후군으로 발병한 각 질환에 대한 약물 요법은 고혈압 약제 중에서는 안지오텐신 전환효소 억제제나 안지오텐신II 수용체 차단제가 대사증후군 지표의 호전에 좀 더 효과적이어서 최우선적으로 선택된다. 그다음으로 칼슘 통로 차단제가 2단계 약제로 선택된다. 당 대사 개선을 위해서는 당뇨병 전 단계 상태라면 생활 습관 개선이 우선적으로 시행되어야 하고 메트포르민이 당뇨병으로의 진행을 지연시키기 위해 사용될 수도 있다. 이상지질혈증의 치료를 위해서는 스타틴이 좋은 치료제이나 치료 이후에도 해결되지 않는 중성지방과 HDL콜레스테롤의 이상을 교정하기 위해 피브레이트나 나이아신, 또는 오메가-3 등의 병합요법이 고려될 수 있다. 그러나 아직 이런 병합 요법이 실제 심혈관 질환을 감소시켰는지에 대한 대규모 연구 결과가 부족한 실정이다.

체중 감량으로 증상 개선

체중 감량의 기본방법은 식사 조절 및 운동 병행 요법과 약물 요법 등 크게 2가지로 나눌 수 있다. 대사증후군 치료를 위한 체중 감량은 심미적인 측면보다는 건강 측면에서 효과적인 방법이어야 한다. 따라서 식사 조절과 함께 운동을 병행하는 기본에 충실한 체중 조절을 하여야 한다. 기본에 충실한 체중 조절에 대한 방법은 파트 2에서 자세히 소개하기로 한다.

약물 요법에 따른 체중 감량은 효능별로 크게 식욕억제제와 지방흡수억제제가 있다. 식욕억제제는 부작용 유무에 따라 단기간 처방만이 가능한 향정신성 약물과 2년 이상 장기간 처방이 가능한 약물 및 주사제로 나뉘게 된다. 지방흡수억제제는 유일하게 청소년에게 허가되어 있는 장기간 처방이 가능한 약물이지만, 약물의 적절한 사용을 위해서는 부작용을 최소화하기 위해 전문의의 의견과 진료가 반드시 필요하며 안정적인 생활 습관 형성 기간 동안에 보조적으로 사용하는 것이 좋다.

운동으로 효과를 배가시키기

하루 100kcal 정도의 운동(몸무게 75~84kg의 사람이 20분 정도 빠른 걸음으로 걸을 때 약 146kcal 소모)을 꾸준히 하면 1년에 5kg 정도의 체중 감량 효과를 기대할 수 있다. 지속적인 운동은 체중감량 외 고지혈증, 당뇨병, 고혈압의 치료 효과 및 심폐기능 강화, 근육량 증가, 복부지방 감소 등의 효과를 함께 가져다준다. 무엇보다 중요한 것은 운동을 통해 근육량을 유지하거나 증가시켜 기초대사량을 유지할 수 있기 때문에 지속적인 체중 감량과 체중유지에 유리하다. 하지만 부적절한 운동은 다양한 문제점을 유발할 수 있으므로 전문 지도자의 관리가 필요하다.

■1 운동 전 건강 상태 평가하기

운동 전 건강 상태 평가는 운동과 관련된 위험요인, 특히 심장질환과 같이 중대한 위험요인을 개인별로 평가하고 운동 중에 발생할 수 있는 위험 가능성을 파악하기 위한 것이다. 운동 전의 위험도를 파악하기 위해 신체 활동 준비 질문지를 이용하여 스스로 경험한 징후나 증상 및 관찰을 자기 회상 방식으로 응답하여 위험도를 평가할 수 있다. 제시된 내용 중 한 문항에서라도 '예'라고 대답을 한 경우에는 심한 운동이나 또는 운동 검사 전에 의학적 문제가 없는지 의사에게 검진을 받아야 한다.

신체 활동 위험도 질문지 ✏️

1 의사로부터 심장 질환이 있다고 들은 적이 있습니까?

2 가슴에 통증을 자주 느낍니까?

3 현기증을 느끼거나 심하게 어지러운 적이 있습니까?

4 의사로부터 혈압이 높다고 들은 적이 있습니까?

5 운동을 하면 심해지는 관절이나 뼈 질환이 있다고 의사에게 들은 적이 있습니까?

6 운동을 하고 싶어도 못하는 다른 신체적인 문제가 있습니까?

7 65세 이상이고 심한 운동을 해본 적이 있습니까?

2 올바른 운동 요법

운동은 운동 유형, 강도, 시간, 빈도를 고려하여 개인의 건강 상태와 체력 수준에 맞게 규칙적으로 실시해야 한다. 적절한 운동을 위해서는 다음과 같은 기본적인 원리를 고려해야 한다.

1) 점진적 과부하의 원리: 신체 능력을 향상시키기 위해서는 자신의 체력에 맞는 수준에서 시작하여 운동의 자극을 점진적으로 증가시켜야 한다.

2) 특이성의 원리: 운동을 통해서 얻어지는 효과는 주어진 자극의 특성에 따라서 결정된다. 예를 들어 근력 운동은 근력을 향상시키고 유산소 운동은 심폐지구력을 향상시킨다.

3) 가역성의 원리: 운동의 효과는 운동을 지속하면 증가하고 중지하면 감소한다.

4) 개별성의 원리: 운동의 효과는 개인에 따라 다를 수가 있다.

5) 유효성의 원리: 비만을 포함한 질환의 개선과 건강 증진의 효과가 있어야 한다.

6) 안전성의 원리: 운동으로 건강이 악화되거나 손상이 생겨서는 안 된다.

① 유산소 운동

대근육군을 사용하여 몸 전체를 움직이는 운동으로 유산소 대사 과정을 통하여 운동에 필요한 에너지공급을 받는다. 유산소 운동을 오래 지속하면 많은 지방을 에너지로 소비하기 때문에 체중 감량에 효과적이다. 운동 종목으로는 걷기, 조깅, 줄넘기, 사이클링, 계단 오르내리기, 수영, 에어로빅댄스 등을 들 수 있다.

② **근력 운동**

근력 향상을 위한 운동으로 근육량 증가와 기초대사량, 더 나아가 총에너지 소비량 증가로 이어지기 때문에 대사증후군 및 비만 치료에 효과적이다. 운동 시 혈관 저항 및 혈압 상승을 초래할 수 있으므로 고혈압 환자 등은 주의해야 한다. 운동 종목으로 웨이트 및 써킷 트레이닝 등이 포함된다.

• 운동 강도

심박 수는 운동 강도와 비례관계를 나타내며 측정이 용이해 대표적인 심폐지구력 운동 강도의 지표로 이용된다. 대사증후군과 비만이 동반된 사람의 목표 심박 수는 최대 심박 수의 50~70% 범위가 적절하다.

최대 심박 수 : 220 - 나이
목표 심박 수 : 최대 심박 수 x 운동 강도(50~70%)

③ 근력 및 운동 강도
근력 및 근지구력을 향상시키기 위한 운동은 8~12회 반복할 수 있는 중량으로 8~10가지 종목을 1~2세트 정도 실시하고, 세트 간 2~3분 휴식을 하도록 한다.

운동시간
적절한 에너지 소비와 더불어 부상의 위험을 최소화하기 위해 대사증후군과 비만이 동반된 사람은 운동 강도를 가파르게 올리는 것보다는 운동시간을 증가시키는 데 보다 중점을 두는 것이 효과적이다. 운동시간은 일반적으로 30~60분 이상 실시하는 것이 좋다.

운동빈도
유산소 운동은 체중 감량과 유지를 위한 운동으로 주당 200~300분 또는 2,000kcal 이상의 열량이 소비되는 강도로 주 5회 이상 하는 것이 좋다. 근력 운동은 신체의 주요 근육군 (상체 앞면, 상체 후면, 하체 등)을 나누어 운동 부위가 겹치지 않도록 하여 주 2회 실시한다.

④ 운동의 효과
운동을 하면 LDL콜레스테롤, HDL콜레스테롤, 중성지방의 농도가 약 3~5% 정도 조절되는 것으로 알려져 있다. 특히 HDL콜레스테롤의 경우 식습관을 조절하거나 약물을 복용하는 것보다도 운동을 통해 효과적으로 수치를 상승시킬 수 있다. HDL콜레스테롤 수치를 증가시키기 위해서는 일주일에 900kcal 이상 에너지를 소모해야 하는데, 이는 유산소 운동을 120분 동안 하는 시간이다. 그뿐만 아니라 장기간의 규칙적인 유산소 운동이 일반 건강인보다 고혈압 환자에게서 혈압 강화 효과가 더 큰 것으로 알려져 있다. 한편 근력 운동은 우리 몸에 근육 양을 증가시켜 기초대사량을 늘려 체중 감량 및 요요 현상 예방에 효과적이지만 혈중 지질 개선 효과는 유산소 운동에 비해 상대적으로 적은 편이다. 따라서 미국 심장학회나 미국 당뇨병학회에서는 대사증후군 치료 및 관리를 위해 유산소 운동과 함께 근력 운동을 같이 병행하는 복합 운동을 권하고 있다.

건강한 생활 습관 들이기
1 흡연
일부에서는 흡연을 하면 체중이 빠진다고 알고 있다. 이로 인해 최근 다이어트를 위한 젊은 여성들의 흡연 인구가 늘어나고 있다. 흡연을 했을 때 빠지는 체중은 체지방이 아닌 근육량이며 오히려 허리둘레와 복부 내장 지방은 증가하는 것으로 알려져 있다. 다시 말해 흡연으로 인해

마른 비만 체형과 대사적 이상지질혈증의 위험에 처하게 되는 것이다. 그뿐만 아니라 금연 이후가 더 많은 문제를 초래하게 된다. 흡연으로 인해 기초대사량이 떨어진 상태에서 금연을 하면 식욕이 증가하게 되어 체중 증가가 급속히 일어나게 된다. 최근 우리나라 사람을 대상으로 한 대규모의 코호트 연구에서 금연을 하면서 체중 증가가 있는 경우 심혈관계 위험도가 감소하였다고 발표되었다. 이는 흡연과 비만 중 어떤 것이 더 위험한가에 대해서 흡연은 직접적인 발암 물질일 뿐 아니라 비만보다 심혈관계에 대한 더 큰 위험 인자임을 알 수 있다. 따라서 반드시 금연을 하여야 한다. 흡연자면서 비만인 사람은 금연과 체중 감량 중 어떤 것을 먼저 해결해야 할까? 금연을 하였을 경우 체중 증가가 동반되어 오히려 비만치료에 대한 의지가 꺾일 가능성이 있다. 이런 경우 먼저 체중 감량을 한 후 금연을 순차적으로 시도할 것을 권고한다.

2 수면

일반적으로 하루 평균 7시간의 수면 시간이 적당한 것으로 알려져 있다. 잠을 너무 많이 자면 신체 활동량이 감소되어 체중이 증가하게 된다. 반대로 수면 시간이 적어도 체중이 증가할 수 있다. 수면 시간이 적어지면 우리 몸의 호르몬에 다양한 변화가 온다. 특히 위에서 분비되는 식욕촉진 호르몬인 그렐린의 분비가 증가한다. 그렐린은 지방 또는 당질이 많은 고열량 음식에 대한 식욕을 자극하는 것으로 보고되고 있다. 또한 성장호르몬의 분비가 적어지게 되는데, 이로 인해 근육이 아닌 체지방으로의 대사가 증가하게 된다.

충분한 수면을 취하기 위한 생활 습관

❶ 매일 밤 적당한 시간의 수면을 취하고 일정한 시간에 일어난다.

가능하면 졸릴 때 잠자리에 들어서 7~8시간 정도 수면을 취하고 매일 아침 일정한 시간에 일어나는 습관을 들인다. 주말이나 공휴일에 지나치게 자거나 필요 이상으로 휴식을 취하는 것을 피하는데 이는 다음 날 불면을 초래한다.

- 낮잠을 자지 않는다.
- 잠자리에 오래 누워 있지 않는다.
- 매일 같은 시간에 잠자리에 든다.
- 매일 같은 시간에 일어난다.

❷ 수면 환경을 조성한다.

수면에 방해되는 모든 자극을 없애고 침실의 조건, 소음, 온도와 조명 등을 개인 취향에 따라 가장 적절한 것으로 골라 최적의 수면 환경을 만들도록 한다.

- 잠자기 전에 따뜻한 음료(우유 등)를 마신다.
- 잠자기 2시간 이내 30분 동안 따뜻한 물로 목욕을 한다.
- 자다가 깨었을 때 밝은 전등을 켜지 않는다.
- 잠자리에서 일어난 지 30분 이내 30분간 햇빛 또는 밝은 빛을 쬔다.
- 저녁 7시 이후 담배를 피지 않는다.
- 저녁에 과음을 하지 않는다.
- 잠자기 전에 카페인이 든 음료나 약물을 금한다.
- 배고픈 상태로 잠자리에 들지 않는다.
- 불끄기 전 가벼운 일상적인 행동을 한다.
- 잠자기 전에 이완을 하고 긴장을 풀어준다.
- 잠자리에서 잘 잘 수 있을까 걱정하지 않는다.
- 잠자리에서는 낮 동안의 스트레스에 대해 걱정하지 않는다.
- 자다가 깨었을 때 간단한 자기 최면을 사용한다.
- 자다가 깨었을 때 시간을 확인하지 않는다.

- 친숙하지 않는 잠자리를 피한다.
- 동침자의 잠버릇, 예를 들어 코골이 등을 피한다.
- 자신에게 맞는 높이의 베개를 베고 잔다.
- 지나치게 푹신하거나 딱딱한 침대(요)를 피한다.
- 침실을 적절한 온도로 유지한다.
- 침실은 어두우면서 조용하고 환기가 되게 한다.
- 침실에서 수면 이외의 일(공부 등)을 하지 않는다.

❸ 숙면을 위한 운동을 한다.

규칙적인 운동은 숙면에 도움이 되며 잠이 들 수 있도록 도움을 준다. 하지만 취침 직전의 운동은 각성 효과가 있으므로 피한다.
- 규칙적인 운동을 한다.
- 저녁 6시 이후 격렬한 운동을 피한다.

❹ 자신의 감정을 적절히 표현한다.

배우자나 친구, 친척 또는 믿을 만한 사람들에게 자신의 감정에 대해 적절하고 성숙한 방법으로 표현한다.

❺ 약물 복용은 의사 처방을 따른다.

수면제는 반드시 의학적 판단에 따라 꼭 필요한 경우 의사의 처방에 따라 복용한다.
알코올을 수면보조제로 사용하지 않는다.

❸ 스트레스

급성 스트레스 반응은 외부의 위협에 대해 정신적, 신체적 균형과 항상성을 유지할 수 있도록 빠르고 효율적으로 나타난다. 우리의 신체는 에너지를 소모하기 적합하게 심혈관계 반응이 빨라지고 효율적으로 투쟁-도피 반응(fight or flight response)할 수 있도록 면역 체계를 갖춘다. 하지만 외부 자극이 지속되고, 정신적 스트레스가 오래되면 부적응(maladaptive)이 나타난다.

만성 스트레스로 특정 질환이 유발되지는 않지만 스트레스 경로를 통해 병적 반응이 생기고 악화된다. 만성 스트레스가 지속되면 코티졸, 에피네프린 등의 호르몬을 증가시켜 식욕을 증가시키고 인슐린 및 글루카곤 분비를 증가시켜 복부 비만과 인슐린저항을 유발하고 결국에는 심혈관 질환 발생을 증가시킨다. 따라서 스트레스를 일으키는 문제를 해결하거나 회피하는 등 스트레스는 반드시 해소해야 한다.

스트레스를 해소하기 위해서 제일 우선되어야 하는 것은 생활 습관 교정이며, 여기에 행동수정 요법이 포함되어야 한다. 생활 습관 교정에는 운동, 금연, 건강한 식사와 체중 조절이 포함되어야 한다. 요가, 운동, 명상, 사우나 또는 마사지 같은 이완 요법이 도움이 된다. 시간을 할애하여 가족, 친구와 만나고, 종교적, 철학적 성찰을 하고, 좋은 환경에서 건강에 좋은 음식을 먹고, 적절한 수면을 취하고, 음악과 미술을 감상하고, 일기를 써서 현재 생활에서 반복적이고 만성화된 스트레스 요인에 대한 자신의 나쁜 반응을 관찰하여 줄여가는 것도 스트레스를 해소할 수 있는 좋은 방법이다.

스트레스를 줄이는 생활 습관

❶ 규칙적인 운동
– 운동은 내부의 에너지를 증가시키고 긴장을 해소하는 스트레스를 극복할 수 있는 방법이다. 자신감을 심어줄 수 있도록 매일 땀이 날 정도로 30분 이상 운동을 하도록 한다.

❷ 적절한 수면
– 하루에 7-8시간 정도의 충분한 수면을 취하는 것이 피로감이나 긴장감을 줄일 수 있다.

❸ 금주, 금연
– 흡연과 음주는 일시적으로는 스트레스를 해소시키는 것처럼 보이나 장기적으로 보면 스트레스에 대한 대처 능력을 감소시키게 된다.

❹ 균형 잡힌 영양섭취
– 균형 잡힌 영양을 섭취하는 것만으로도 피로도를 줄일 수 있다. 특히 무기질과 비타민이 많은 음식을 섭취하는 것이 필요하다.

❺ 날씨와 같이 도저히 바꿀 수 없는 것은 걱정하지 않는다.

❻ 현재 상황에서 내가 할 수 있는 일과 없는 일이 무엇인지 생각한다.

❼ 현실적인 목표를 정한다.

❽ 습관적으로 부정적인 생각을 하지 않는지 생각해본다.

당뇨와 고혈압 약물을 복용하고 있는 남학생으로 비만으로 인해 중학교 2학년 때부터 제 2형 당뇨병을 진단받고 내분비내과와 심장내과에서 약물 치료를 받고 있었다.

처음 내원했을 때 키 171cm, 몸무게 133kg으로 합병증을 동반한 고도 비만(체질량지수 46.5)이었다. 당시까지 운동과 흡연은 전혀 하지 않았고 음주는 한 달에 1~2차례 소주 1병 정도 마셨다.

항목	단위	참고치	처음 결과	7개월 치료 후 결과
체중	kg		133	89.4
체질량지수(BMI)	kg/m²	18.5-23	46.5	30.8
골격근량	kg		35.5	35
체지방량	kg		67.2	26.6
체지방률	%	〈20	50.5	29.8
복부 비만률		〈0.9	1.2	0.88
허리둘레	cm	〈90	126	90
혈압	mmHg	〈140/90	123/66 혈압약 복용	110/70 혈압약 최소량으로 줄임
공복 혈당	mg/dL	〈100	105 당뇨약 복용	85 당뇨약 최소량으로 줄임
당화혈색소 HbA1c	%	4.7-6.2	7.2	5.1 정상
중성지방	mg/dL	〈150	115	110
HDL콜레스테롤	mg/dL	40-60	49	49
간기능 AST	IU/L	16-37	28	14
간기능 ALT	IU/L	11-46	50	14
간기능 Gamma GT	IU/L	8-46	75	28

• 처음 내원 당시 대사증후군과 심혈관 위험 지표

첫 상담에서 운동 없이 약물만 복용하는 것은 치료에 거의 도움이 되지 않는 점과 환자의 상태가 비만 수술(베이라트릭 수술)을 받을 정도로 심각한 상황임을 설명했다. 상담 결과 본인이 수술이 아닌 식사 조절 및 운동을 중심으로 한 보존적 치료를 원해, 2주 간격으로 상담과 영양 치료, 운동 지지 요법을 시행하였다.

첫 진료 이후 약 7개월 동안 꾸준한 노력으로 체중은 34kg 감량되었고, 이 중 근육량은 거의 줄지 않고 체지방량만 67.2-26.6=40.6kg이 감량되었다. 현재는 고혈압약과 당뇨약을 끊을 정도로 호전되었고 대사증후군에서 탈출하였다.

내원 당시 고혈압, 고지혈증 약을 복용하고 있었으며 심한 지방간 진단을 받았다. 폐경기에 접어들어 생리가 불규칙해진 이후 체중 증가가 심하여 상담을 위해 내원한 경우이다.

외래 진료에서 시행한 혈액 검사에서 공복 혈당 수치가 208mg/dL로 당뇨병이 확진이 되었고, 간수치도 정상 범위보다 높게 측정됐다. 당뇨병 진단 및 약물 처방에 충격을 받아 매일매일 쉬지 않고 1시간씩 운동을 시행하고 의사의 권유에 따라 지중해식으로 식사를 하였다.

운동과 식사 조절을 6개월간 꾸준하게 시행한 이후 기존에 복용하고 있던 고지혈증 약과 당뇨병 약을 끊을 정도로 호전이 됐고 간수치도 정상으로 돌아왔다.

항목	수치	참고치	처음 결과	6개월 치료 후 결과
체중	kg		71.1	66.6
체질량지수(BMI)	kg/㎡	18.5-23	30.6	28.7
골격근량	kg		21.9	22.4
체지방량	kg		31.1	26
체지방률(%)	%	〈28	43.8	39
복부 비만률		〈0.85	1	0.93
혈압	mmHg	〈140/90	133/66 혈압약 복용	108/60 혈압약 최소량으로 줄임
공복 혈당	mg/dL	〈100	208 당뇨약 복용시작	93 당뇨약 끊음
중성지방	mg/dL	〈150	131	82
HDL콜레스테롤	mg/dL	40-60	43 저하	58 정상
간기능 AST	IU/L	14-30	31I	20 정상
간기능 ALT	IU/L	6-33	53 상승	18 정상

• 처음 내원 당시 대사증후군과 심혈관 위험 지표

건강 검진을 통해 고지혈증이 의심되고, 공복 혈당이 약간 높다는 판정을 받았다. 키 160cm, 몸무게 47kg, BMI 18.3이며 고혈압, 당뇨병 등 다른 만성 질환은 없었고 가족력으로 뇌졸중이 있어 내원한 경우이다. 혈액검사에서 중성지방 및 인슐린 양이 상승해 식사 요법, 운동 요법 등을 안내한 후 2개월 후 다시 재검사를 진행할 예정이다.

검사명	단위	참고치	결과
칼슘	mg/dL	8.5-10.1	10.2
인	mg/dL	2.9-4.6	4.1
공복혈당	mg/dL	80-118	92
혈액요소질소	mg/dL	8.6-23.0	8.1
크레아티닌	mg/dL	0.5-1.02	0.8
요산	mg/dL	2.5-5.4	5.5
콜레스테롤	g/dL	〈200	205
총단백	g/dL	5.6-7.8	7.2
알부민	g/dL	3.4-5.3	4.5
알칼리인산분해효소	IU/L	35-83	61
아스파르테이트아미노전달효소	IU/L	14-30	20
알라닌아미노전달효소	IU/L	6-33	17
총빌리루빈	mg/dL	0.2-1.2	0.7
고밀도 콜레스테롤	mg/dL	40-60	54
자유지방산	umol/dL	8-46	820
페리틴	ng/dL	9.0-204	131
사구체여과율	$m\ell/min/1.73m^2$	≥60	78.43
중성지방	mg/dL	60-160	383
트리요오드 타이로닌, 삼옥화 타이로린	ng/dL	71-161	102.9
티록신	ng/dL	0.8-1.7	1.1
갑상샘자극호르몬	$\mu IU/m\ell$	0.86-4.69	2.68
인슐린	$\mu IU/m\ell$	1.9-9.9	10.8

PART 2

대사증후군 치료의
첫걸음 체중 감량

대사증후군의 개선 또는 치료의 키워드는 '체중 감량'이다. 본
장에서는 건강하게 체중을 감량하기 위한 영양 정보와 일상에
서 쉽게 실천할 수 있는 방법을 소개한다.

건강한 체중 감량을 위해
"열량은 적게, 영양소는 균형 있게"

목표 체중 정하기

대사증후군을 일으키는 가장 흔한 원인은 체중 증가, 특히 복부 내장 지방 증가다. 대사증후군 치료의 첫걸음은 복부 내장 지방 감량을 통한 체중 감량이다. 적정한 체중만 조절하더라도 대사증후군의 증상을 개선할 수 있다. 성인의 경우 체질량지수(BMI)가 남성은 22, 여성은 21 정도이면 표준 체중 혹은 건강 체중으로 간주한다. 체중 감량 시 표준 체중을 목표 체중으로 정하는 것이 바람직하다. 그러나 체중이 표준 체중에 비해 과하다면 표준 체중을 목표 체중으로 설정하기보다는 현재 체중에서 5kg 감한 체중이거나 10% 감량한 체중을 목표 체중으로 정하는 것이 현실적이다.

체질량지수 (BMI) = 체중 (kg) / 신장 (m)²

건강 체중(또는 표준 체중)

남성 : 신장 (m) X 신장 (m) X 22
여성 : 신장 (m) X 신장 (m) X 21

* **산출된 값에서 ± 110% 범위의 체중이 적정하다.**

하루 섭취 열량 정하기

목표 체중을 정했으면, 이 체중을 기준으로 하루 섭취 열량을 정한다. 첫 번째 방법은 목표 체중에 활동량을 고려한 체중 당 필요 열량지수를 곱한 값을 하루 필요 열량으로 정하는 것이다.

두 번째 방법은 평소 섭취 열량에서 500kcal를 적게 섭취하는 방법이다. 이 방법으로 하게 되면 1주일에 0.5kg 정도의 체중 감량을 기대할 수 있다. 500kcal의 섭취량을 줄이기 쉬운 방법으로는 매끼 주식의 양을 일정량(예: 밥의 양을 1/3공기 줄이면 하루에 300kcal 섭취량 감소) 줄이거나 간

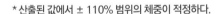

식의 횟수나 양을 줄이는 방법이 있다. 그러나 이 방법은 지속적으로 체중 감량 효과를 얻기 어렵다. 결론적으로 목표 체중에 근거할 하루 섭취 열량을 정하고 여기에 영양 균형을 이루기 위한 식품의 종류와 양을 정하여 섭취하는 것이 모범답안이다.

40대 이후 성인의 경우에는 남자는 1,500~1,800kcal, 여자는 1,200~1,500kcal 정도의 저열량식으로 시도해 보자. 빠른 효과를 위한 1일 800kcal 이하로 극심하게 열량을 제한하는 초저열량식(very low calorie diet, VLCD)은 단기간에 상당히 많은 체중을 감량시키는 효과가 있으나 지속적으로 유지하기도 어렵고 식사량이 조금만 증가하여도 쉽게 요요가 온다. 그뿐만 아니라 단순하게 체중만 감소시키지 않고, 여러 가지 의학적 문제를 초래할 수 있으므로 반드시 의학적 관리하에 진행되어야 한다. 초저열량식사는 저열량식사에 비해 초기에는 체중 감량의 효과가 크지만 장기간 추적하였을 때 체중 조절의 효과가 저열량식과 유의한 차이가 없는 것으로 연구되고 있다.

다량영양소(Macronutrients)의 황금 비율 유지하기

하루 섭취 열량을 정하였다면 다음은 영양소의 균형 있는 배분이다. 영양소의 균형 있는 배분은 건강과 직결된다. 당질, 단백질, 지방 3대 영양소의 섭취 비율을 적정하게 정해야 한다. 우리나라보다 대사증후군으로 인한 의료 문제가 심각한 미국의 경우에는 총 열량에서 당질은 58%(이 중에서 48%는 복합당질로 섭취), 단백질은 12%, 그리고 지방은 30%(이 중에서 포화지방산은 10%)의 비율로 섭취하도록 식사 지침을 제시하고 있다. 우리나라의 경우에는 당질 위주의 식습관을 고려하여 총 열량의 55~60%는 당질, 15~20%는 단백질, 20~25%를 지방의 비율로 섭

취하는 것을 황금 비율로 제안하고 있다. 2008년부터 2011년까지 시행된 국민건강영양조사에 참여한 20세 이상 성인 15,582명을 대상으로 '하루에 섭취하는 총 열량 중 지방·당질이 차지하는 비율'과 '대사증후군 발병률'의 연관성을 조사한 결과, 여성은 지방을 적게 먹으면서 당질을 많이 섭취하는 군에서 대사증후군 발병률이 증가하였고, 남성은 지방 섭취 비율과 관계없이 당질을 많이 섭취할수록 대사증후군 발병 위험이 증가하는 것으로 나타났다.

대사증후군 치료를 위해 정해진 열량 범위 내에서 당질, 단백질, 지질의 섭취 비율의 보다 효과적인 황금 비율에 대한 연구가 더 필요한 실정이다.

1 단백질 섭취 유의

우리 몸에서 근육은 주된 열량 소비처이다. 우리 몸에 근육이 없어지게 되면 기초대사량이 떨어지게 된다. 따라서 근육을 유지하는 것이 기초대사량을 유지시키는 중요한 요소이다. 저열량 식사를 하면 초기에는 지방보다는 근육의 소실로 인해 체중이 감량된다. 향후 열량 섭취가 조금만 증가하여도 소비되는 기초대사량이 적어 사용되지 않은 열량은 지방으로 저장되어 결국 요요 현상이 일어나게 된다. 따라서 열량은 줄이되 적절한 양의 단백질 공급과 운동으로 근육량을 유지해야 한다. 적절한 근육량 유지는 요요의 부작용을 줄일 수 있고 지속적으로 체중 감량을 유도할 뿐 아니라, 감소된 체중이 오랜 기간 유지되는 유리한 환경을 제공한다. 또 단백질이 많이 함유된 식품, 즉 고기, 생선, 우유, 치즈, 달걀 등은 당질이나 지방이 함유된 식품에 비해 식욕을 억제하는 효과가 있을 뿐 아니라, 빨리 배부르게 하고 오랜 기간 포만감을 주며 혈중에 인슐린을 급격하게 자극하지 않는 장점이 있어 대사증후군 관리에 도움이 된다.

따라서 매끼 식사에 단백질이 많이 함유된 고기, 생선류, 치즈, 달걀, 두부 등의 식품을 1~2종씩 포함하여 먹도록 한다.

② 충분한 비타민 및 무기질 섭취

열량 섭취를 제한하게 되면 음식물을 종류와 양 또한 제한된다. 이로 인해 비타민 및 무기질의 적절한 섭취가 제한되어 영양소의 균형 있는 섭취에 문제가 될 수 있으며 건강에 영향을 줄 수 있다. 일상적인 식사를 통해 비타민 및 무기질 필요량을 충족시키는 것이 가장 바람직하지만, 상황에 따라 비타민 및 무기질 보충제를 이용할 수도 있다. 1일 1,200kcal 이하로 열량 섭취를 제한하는 경우 비타민과 무기질 보충제 사용이 권장된다. 그러나 미량 영양소가 부족하지 않은 사람들에게 비타민 및 무기질 보충이 유익하다는 근거는 없으며 일부 미량 영양소의 경우 과다섭취 시 유해한 영향을 미칠 수 있으므로 주의가 필요하다.

❤️2 건강한 체중 감량을 위한
생활 습관 전략

열량 섭취 줄이기: 식사량을 줄이자

우리가 매일 먹는 식품 혹은 음식들은 순수한 물 이외에는 어떤 식품이든지 열량을 발생시킨다. 따라서 열량 섭취를 줄이기 위해서는 음식의 종류와 양의 제한이 필요하다.

현대인에게 식사량을 증가시키는 5대 원인인 폭식, 야식, 회식, 외식, 간식의 횟수와 양만 조절하여도 일일이 열량을 계산하지 않아도 하루 열량 섭취를 줄이는 효과로 체중을 줄일 수 있다. 또는 음식을 담아 먹는 그릇을 작은 것으로 바꾸어보자. 같은 양의 음식이라도 작은 그릇에는 가득 담기게 되어 눈으로 보는 포만감을 만족시키는 효과가 있어서 적은 식사량에 쉽게 적응될 수 있다. 마지막으로 자주 먹는 음식이나 식품의 중량에 따른 열량을 알고 있으면 스스로 열량 조절을 수월하게 할 수 있다. 예를 들어 밥 1공기(시중에 판매되는 제품 210g)면 약 300 kcal, 우유 200㎖는 125kcal, 고기는 40g(탁구공 크기)은 75kcal 정도이다. 밥 1공기를 3끼 먹는다면 900kcal가 된다. 밥보다 다른 식품을 먹고 싶다면 밥의 양을 어느 정도 줄여야 하는지 가늠이 된다.

열량 소비 늘이기: 활동량을 증가하자

사람이 하루에 소비하는 총 열량의 70~85%가 기초 대사 활동에 사용된다. 가만히 앉아있는 동안에도 우리 몸은 음식물을 소화시키고, 호흡하고, 체온을 유지시키고, 뇌 활동을 하는 데 열량을 소모한다. 이렇게 하루 총 소비 열량의 대부분을 차지하고 있는 기초 활동을 증가시키면 별도의 운동을 과하게 하지 않아도 살이 빠질 수 있다. 뇌 활동량과 근육사용량 등이 많아지게 되고, 추운 환경에 노출되면 체온을 유지시키기 위해 더 많은 열량이 필요하게 되고, 특히 서있거나 걷는 시간이 늘면 근육사용량이 늘어 역시 열량 소모가 많아지게 된다. 이런 습관이 길러지면 체내 근육의 양이 증가하면서 기초대사량이 증가해 살빼기가 더욱 쉬워지게 된다. 이는 미국 메이요 클리닉 제임스 레바인 박사팀이 연구하여『사이언스』등 의과학 전문지에 연구 결과가 보고된 바 있다. 제임스 레바인 박사는 "일상에서 작은 신체적 활동들을 늘리면 전체 에너지 소비량의 20%를 증가시킬 수 있다"고 하였다.

영양 채우기: 매일 다양한 식품을 먹자

우리의 생명 활동에는 열량 외에 다양한 영양소가 공급되어야 한다. 영양소는 매일 먹는 식품을 통해서 공급받는다. 문제는 한두 가지 종류의 식품에서 우리 몸에 필요한 영양소를 다 얻을 수가 없다. 여기에 다양한 식품을 섭취해야 하는 이유가 있다. 영양전문가들이 일상에서 매일 섭취해야 하는 식품을 주요 함유된 영양소에 따라 곡류군, 어육류군, 채소군, 과일군, 지방군, 우유군의 6가지 식품군으로 분류하였다.

　곡류군은 당질을 많이 함유하고 있는 식품군으로 주식으로 섭취하는 밥을 비롯하여 빵, 국수, 감자, 고구마 등이 여기에 해당된다. 어육류군은 단백질이 주로 함유되어 있으며 고기류, 생선류, 달걀, 두부 등이며 채소군에는 몸의 생리 활성을 돕는 비타민과 무기질, 오직 식물에만 들어 있고 항산화 및 항암 작용을 하는 것으로 알려진 파이토케미칼, 식이섬유가 풍부하게 들어 있다. 과일군에는 당질 외에 비타민과 무기질과 항산화영양소가 풍부하며, 지방군은 주로 지방이 많이 함유된 식품군이다. 마지막으로 우유군은 당질, 단백질, 지방이 골고루 함유되어 있으며, 특히 골격과 치아의 구성 성분인 칼슘 함량이 높은 식품군이다. 체중 감량 외 건강을 위해서는 섭취 열량에 따라 각 식품군들의 섭취량은 다를 수 있으나, 매일 6가지 식품군에 있는 식품들을 빠지지 않고 섭취하도록 하여야 한다.

선택하기: 좋은 식품 vs 나쁜 식품

1 좋은 당질 식품과 나쁜 당질 식품

좋은 당질 식품과 나쁜 당질 식품은 당지수로 구분된다. 음식을 먹었을 때 순간적으로 혈당을 올리는 정도를 나타내는 것이 당지수라고 하는데, 보통 포도당이나 흰 빵을 기준으로 삼아 다른 음식들과 비교해서 상대적으로 각 음식이 혈당을 상승시키는 정도를 당지수로 계산한다.

　좋은 당질 식품은 당지수가 55 이하인 당지수가 낮은 식품을 의미한다. 대부분의 과일과 채소류, 콩류, 견과류, 해조류. 통밀과 같이 정제되지 않은 곡물 등이 당지수가 낮은 좋은 당질 식품이다. 당지수가 낮은 식품은 섭취 후 포만감을 오래 유지시키고, 혈당을 천천히 높여 인슐린의 분비를 조절하여 준다. 이로 인해 전체적으로 식사섭취량을 줄일 수 있어 체중 감량에 도움이 된다.

나쁜 당질 식품은 당지수가 70 이상인 식품과 첨가당이다. 당지수가 높은 식품으로는 구운 감자, 도넛, 꿀, 쿠키, 초콜릿, 딸기잼, 단 시리얼, 설탕이 있다. 첨가당은 식품의 제조 과정이나 조리 시에 첨가되는 당과 시럽이다. 당지수가 높은 음식은 빠르게 혈당을 높이고 높아진 혈당을 적정 수준으로 떨어뜨리기 위해 췌장에서 인슐린이 과량 분비되고, 과량 분비된 인슐린은 지방의 분해를 방해하고 우리가 섭취한 지방이 쌓이게 한다. 또 당지수가 높은 음식은 금방 허기지게 공복감을 느끼게 하고 과식을 유도한다. 특히 첨가당은 최근 직접적인 당뇨병, 심혈관 질환 등 여러 만성 질환의 원인으로 주목을 받고 있어서 총 에너지섭취량의 10% 이내로 섭취하도록 권유되고 있다.

❷ 좋은 지방 식품과 나쁜 지방 식품

좋은 지방 식품과 나쁜 지방 식품은 불포화지방산과 포화지방산이 함유되었느냐에 의해 구분된다. 좋은 지방 식품은 대표적으로 다가불포화지방산인 오메가-3, 오메가-6와 단일불포화지방산인 올레산(oleic acid)이 많이 포함된 식품이다. 오메가-3는 뇌, 신경조직, 망막조직의 중요 구성 성분으로 세포 간 원활한 연결을 도와 신경호르몬 전달을 촉진하고 두뇌작용을 도와 학습 능력을 향상시키고 기억력 저하 방지에 도움이 되는 것으로 알려져 있다. 오메가-6인 EPA는 혈중 콜레스테롤 수치를 낮추고 혈전 생성을 막는 효과가 있다. 올레산은 올리브오일(올레산 77%)에 많이 포함된 단일불포화지방산으로 몸에 나쁜 LDL콜레스테롤은 낮추고 몸에 좋은 HDL콜레스테롤은 높여 심혈관 질환의 예방 효과를 기대할 수 있다. 호두, 잣, 아몬드 및 등푸른생선류, 연어, 참기름, 들기름, 올리브오일 등 식물성 기름이 대표적인 불포화지방이 많이 함유된 식품이다. 그러나 건강에 좋다고 하여도 지방은 지방이다. 많은 양의 섭취는 오히려 체중 조절에 악영향을 준다. 하루에 1회, 한 스푼의 양으로 섭취하는 것이 좋다.

　　아예 먹지 않아야 하는 대표적인 지방은 트랜스지방이다. 트랜스지방은 심혈관 질환, 고지혈증, 심부전, 동맥경화, 당뇨병, 천식, 아토피 피부염 등의 알레르기 질환, 불임과의 연관성, 유방암, 전립선암, 대장암 등 각종 만성 질환과 관련이 있고 총 사망률을 높이는 것으로 알려져 있다. 트랜스지방 섭취를 줄이기 위해서는 일차적으로 조리과정에서 신경을 써야 한다. 트랜스지방은 빨리 산패되어 보관이 용이하지 않고 액체인 식물성 불포화지방의 단점을 보완하여 반고체화(semisolidity)하고, 고소하고 바삭한 맛을 내기 위해 수소를 첨가(partially hydrogenation)시며 만든 것이다. 우유 등 낙농 제품에도 트랜스지방이 함유되어 있기는 하지만 그 양은 5% 미만(소고기(1g/100g), 버터(2~7g/100g), 우유(0.07~0.1/100g)인데 비하여 상업 제품은 60~70%까지도 함유

하고 있다. 식물성 기름이 정제되거나 고온에서 처리될 경우 트랜스지방으로 많이 변형되는데, 튀김 음식이 대표적이다. 트랜스지방이 많이 함유된 식품으로는 마가린(8.8~19.5g/100g), 전자레인지용 팝콘(24.9g/100g), 감자튀김(4.6g/100g), 크루아상(4.6g/1개), 페이스트리(4.6g/1개), 케이크(3.1g/한 조각), 패스트푸드, 쇼트닝, 사탕, 과자, 쿠키나 크래커 등이 있다. 성인의 경우 하루 섭취량을 2.2g 이하로 제한하며 어린이들의 경우 더 엄격히 제한되어 만 1~3세는 하루 1.3g, 만 4~6세는 1.8g을 넘으면 안 된다. 세계보건기구(WHO)에서는 총에너지 섭취량의 1% 미만으로 섭취할 것을 권고하고 있다.

③ 좋은 단백질 식품과 나쁜 단백질 식품

단백질은 인체가 합성하지 못하므로 매일 식품으로부터 공급받아야 하는 영양소이다. 단백질 식품은 크게 필수 아미노산을 포함하고 있는 완전단백질 식품과 한 종 이상의 필수 아미노산이 결핍되거나 부족한 불완전단백질 식품으로 분류된다. 육류, 달걀, 우유, 생선, 치즈 등 동물성 식품이 완전단백질 식품이며, 식물성 식품이 주로 불완전단백질 식품이다. 우리 몸에 필요한 필수 아미노산의 섭취를 위해서는 단백질 섭취량의 1/3이상은 동물성 단백질 식품으로 섭취하는 것이 필요하다. 즉, 매끼 육류, 달걀, 생선류 등을 포함시켜 먹도록 한다. 문제는 섭취량인데 이 부분은 다음 장에서 다루도록 한다.

한편 나쁜 단백질 식품은 단백질 자체의 문제보다 동물성 단백질 식품을 섭취할 때 같이 먹게 되는 포화지방산에 의해 결정된다. 예를 들어 소고기는 완전단백질의 우수한 급원이지만 고기에 포함된 지방(마블링)을 동시에 먹게 되므로 포화지방산 섭취 문제가 동반된다. 따라서 소고기나 돼지고기의 섭취에 있어서는 가능한 지방이 적은 살코기를 선택하거나 포화지방이 적은 닭고기, 생선 등의 섭취 빈도를 높이는 것도 좋다. 장어, 추어탕, 삼계탕 등 보신 음식은 대부분 단백질과 지방의 과잉 섭취가 될 수 있으므로 대사증후군이 있는 경우에는 자주 또는 많은 양을 섭취하지 않도록 한다.

4 짜지 않게 먹기: 소금 섭취량 줄이기

소금의 섭취량을 줄이면 혈압 개선 효과가 있다. 특히, 고령자, 비만, 당뇨병이나 고혈압의 가족력이 있는 사람에서 소금에 대한 감수성이 크다. 세계보건기구(WHO)에서는 건강과 혈압 개선을 위해 하루 5g 이하로 소금 섭취를 줄이는 것이 권고하고 있으나, 실제 식생활에 적용하기에는 한계가 있다. 우리나라 식품의약안전처에서 제시하는 일상생활에서 소금 섭취를 줄이기 위한 실천 전략으로는 국이나 탕, 찌개를 섭취할 때 건더기 위주로 먹고 국물은 적게 먹거나, 김치, 젓갈류의 일회 섭취량이나 섭취 빈도를 줄여보는 것, 가공 식품을 선택할 때는 영양 정보를 참고하여 나트륨이 적은 식품을 선택하기, 외식 시 "싱겁게" 혹은 "소스를 따로 주세요"라고 주문하기를 제시하고 있다. 구체적인 실천 방법은 다음 장에 제시했으니 참고하여 실천하도록 하자. 반대로 칼륨은 나트륨 배설 효과를 비롯하여 여러 가지 기전을 통해 혈압을 개선하는 데 도움을 주기 때문에 잡곡류, 채소와 과일 등 칼륨이 풍부한 식품을 자주 섭취하는 것이 좋다.

5 절주 혹은 금주하기

남자들의 대사증후군 원인은 단연코 술이다. 대사적·건강적 위험이 있는 사람의 경우 금주 혹은 절주가 필요하며, 비만 치료를 위해서는 알코올 섭취 제한에 대한 강조가 필요하다.

알코올은 체내에서 지방의 산화를 방해하여 대사증후군과 비만에 부정적인 영향을 미친다.

알코올 자체가 열량원이기도 하지만, 알코올이 식욕을 증가시키는 신경 전달 물질을 자극하여 음식에 대한 욕구를 증가시킨다. 특히, 지방이 많이 함유된 음식을 함께 섭취했을 때는 식욕 증가 효과가 더욱 강해진다. 따라서 술을 마시게 되면 술 자체의 열량뿐만 아니라 안주로 먹는 음식의 열량까지 더해지므로 열량의 과잉 섭취는 당연한 결과인 것이다. 예를 들어 소주 1병과 삼겹살 1

인분을 먹고 2차로 맥주 1,000cc에 닭튀김 몇 점을 먹었다면 3,000~4,000kcal는 쉽게 섭취하게 된다. 어디 그뿐인가? 술자리는 대부분 밤 시간이므로 늦게까지 술과 안주를 먹게 되고, 바로 잠자리에 들게 되면서 복부 비만의 악순환을 벗어날 수가 없게 되는 것이다.

따라서 체중 감량 시에는 반드시 술을 끊어야 한다. 실제로 회식자리가 많은 남성의 경우 한 달 동안 회식자리만 줄여도 2~3kg 정도 체중 감량 효과가 있다. 즉, 알코올 섭취량이 많을수록 당질, 지방 및 단백질 섭취량이 증가하여 에너지 과다 섭취가 초래되는 것으로 보고되고 있다. 적정음주량은 남자는 일일 표준 2잔, 여자 및 노인은 표준 1잔이다. 표준 1잔의 정의는 국가에 따라 알코올 10~15g까지 다양하며 대체적으로 14g으로 정의한다.*

⑥ 물 마시기

우리 몸의 60~70%가 수분으로 이루어져 있으므로 생명 유지에 영양소만큼 중요한 재료는 물이다. 세계보건기구(WHO)가 권장하는 하루 적정 물 섭취량은 1.5~2L로 200㎖잔을 기준으로 하루에 8잔 정도 마셔야 하는 양이다.

식사량을 줄이다 보면 자연스럽게 수분 섭취도 줄어들게 되는데, 수분이 정상보다 2% 이상

---

* 우리나라의 경우 표준 1잔은 알코올 14g을 포함하는 술 1잔을 의미하며, 소주의 경우 1/4병(20°기준), 맥주 1캔 (4.5°, 355㎖ 기준), 막걸리의 경우 한 사발 정도이다.

부족한 상태가 일주일 정도 지속되면 만성 탈수 증상이 나타나게 된다. 만성 탈수의 가장 대표적인 증상은 만성 피로이다. 그뿐만 아니라 수분이 부족하게 되면 소화불량이나 변비 등에 영향을 준다. 최근 연구에서는 만성 탈수가 신체적인 증상뿐 아니라 여러 가지 감정적인 증상들도 유발한다는 것이 밝혀졌다. 특히 체중 조절 과정에서 이러한 현상이 나타나게 되면 체중 조절에 의한 부작용과 혼돈하기가 쉽다. 따라서 식사와 관계없이 2시간 간격으로 200㎖(1잔)의 물을 마시는 습관을 갖도록 한다. 그러면 식욕도 조절할 수 있고 변비, 만성피로감, 감정적 기복 등 체중 조절에 따른 부작용들을 줄일 수 있다.

물의 종류는 일반 생수, 보리차 등 잡곡 차를 마시고, 커피나 홍차, 녹차 등은 마신 후 오히려 수분을 배출시키기 때문에 만성 탈수를 유발할 수 있다. 과일주스나 탄산음료 같은 당이 함유된 음료수는 체중 조절을 방해하고 체내 삼투압을 높여 그만큼 수분을 더 필요한 상황을 만들어 백해무익하니 마시지 않도록 한다. 식사량을 줄이기 위해서는 식사 전에 물을 미리 마시는 것도 좋은 방법이다. 물의 종류, 온도, 시간 등에 대한 속설이 많은데 별다른 차이는 없다. 물을 자주 마시는 것만으로도 피부나 혈액의 수치 등이 좋아지는 경우도 종종 볼 수 있다.

7 체중 감량을 위한 식습관 수정 방법

비만은 오랫동안 잘못된 식습관의 결과이다. 단기간에 치료도 어렵고 일단 체중이 감량되었다 하더라도 원래 상태로 돌아가기 쉬운 특징이 있다. 따라서 체중 감량 단계서부터 본인의 식사와 생활 습관을 살펴보고 이를 개선하거나 더 좋은 행동으로 강화하는 것이 요요를 줄이고 건강하게 체중 감량을 할 수 있는 방법이 된다. 대사증후군 치료를 위한 체중 감량은 단순히 식사의 감량보다는 올바른 식품 선택과 양 조절, 식사 행동, 신체 활동의 정도와 관련된 생활 습관 전반을 변화를 통해서 지속적으로 유지하는 것이 필요하다.

체중 감량을 위한 행동 수정 요령

❶ 음식 섭취를 자극하는 행동을 하지 않는다
- 음식은 식탁에서만 먹고 눈에 띄지 않는 곳에 보관한다.
- 냉장고에 많은 음식을 보관하지 않는다.
- 배고픔과 식욕을 구별하여 배가 고플 때만 음식을 먹는다.
- 규칙적으로 식사하고 거르지 않는다.
- 피곤하거나 스트레스 받을 때 먹는 음식을 선택해놓는다.

❷ 적절한 식사와 운동에 대한 자극을 강화한다
- 다른 사람들과 같이 균형 있는 한 끼 식사를 한다.
- 1인 분량을 알고 한 번에 1인 분량만 준비한다.
- 운동화나 운동기구를 현관문 근처에 놓아둔다.

❸ 바람직한 식습관과 운동 습관을 생활화한다
- 정해진 시간에 규칙적으로 먹고 특정한 시간 이후에는 절대로 먹지 않는다.
- 가능한 한 천천히 식사를 하며 먹은 후 바로 이를 닦는다.
- 식사 중에는 신문이나 TV를 보는 등의 다른 행동을 하지 않는다.
- 사람들과 같이 어울리거나 운동하며 더 많이 움직인다.

❹ 바람직한 행동 변화를 위하여 노력하라
- 매일 식사섭취량, 운동 및 체중 변화에 대해 기록한다.
- 만일 계획을 실천하지 못한 경우에도 자신을 비하하지 않는다.

유행하는 체중 조절을 위한 식사 요법의 허와 실

체중 감량에 대한 많은 방법들이 연구되고 발표되고 있다. 언론매체는 다양한 체중 감량 방법에 대해 보도하고 있다. 특히 당뇨, 고혈압 등 질환이 동반된 대사중후군 환자들의 체중감소 방법은 보다 더 신중해야 한다. 최근 유행하고 있는 몇 가지 체중 감량 방법의 허와 실을 따져 보자.

간헐적 단식

간헐적 단식은 일주일에 하루(또는 이틀) 또는 하루걸러 한 번씩 간헐적으로 단식을 하는 방법이다. 간헐적 단식을 통해 인슐린저항성 감소로 성인병과 노화 예방, 암 예방, 수명 연장 효과가 있다고 홍보하고 있다. 평소에 식사량이 많았다면 매 끼니마다 적게 먹는다는 것은 스트레스를 증가시키고 이로 인해 오랜 기간 지속하지 못하여 체중 조절이 실패하게 된다. 이렇게 매일 소식을 지키기 어려운 사람은 간헐적 단식을 대안으로 선택해 볼 수도 있다.

간헐적 단식을 하여 득보다 실이 많은 경우 ✎

1. 제 2형 당뇨병을 진단 받고 약을 복용 중인 경우
2. 현재 암 치료 중인 경우
3. 간질환이 발견된 경우
4. 신장질환이 발견된 경우
5. 췌장염이나 췌장질환이 있는 경우
6. 폐렴, 급성 장염, 급성 요로계 감염 등의 급성 감염성 질환자인 경우
7. 류마티스 관절염, 루푸스와 같은 만성 염증성 질환자인 경우
8. 폭식 경향성이나 과거력이 있는 경우
9. 인지 기능 장애가 있는 경우

간헐적 단식하는 법에는 여러 가지가 있으며 일주일 24시간 단식을 하거나 하루 중 16시간 동안은 아무 것도 먹지 않고 나머지 8시간 동안에 식사를 하는 방법도 있다. 또 48시간을 한 사이클로 하여 36시간 동안은 단식하고 12시간은 먹는 기간으로 정하는 하루걸러 단식하는 방법도 있다. 하지만 모든 사람들에게 간헐적 단식이 효과적이지 않으며 오히려 체중이 증가하였다는 사람도 더러 볼 수 있는데, 간헐적 단식을 하여 득보다는 실이 많은 경우를 정리했으니 참고하자.

고지방저당질 식사

그동안 체중 증가의 원인으로 여겨졌던 지방을 줄이기보다는 오히려 당질을 줄이고 지방을 마음껏 섭취하게 하는 고지방저당질 식사가 관심을 받고 있다. 이는 다른 말로 케톤식이라고도 한다. 우리 몸의 주요 에너지원인 당질 섭취를 줄이면 대체 에너지원으로 지방을 사용하게 되는데 지방은 당질이 소화된 포도당과 달리 미토콘드리아라는 세포 속 물질에 직접 들어가 '케톤'이라는 대사물질로 바뀌게 된다. 케톤은 뇌와 골격근, 심장 등에서 에너지원으로 쓰이고 체지방도 분해하는 효과가 있다. 또 생성된 케톤은 포만감을 더 잘 느끼게 해주고 식욕을 조절하는 호르몬에 영향을 미쳐서 체중 감량에 더 유익하다는 것이다.

고지방저당질 식사의 유행은 2007년 유명한 의학잡지인 『JAMA』에서 대표적인 체중 감량 식사 3가지, 즉 고지방저당질을 표방하는 애킨슨, 당질·단백질·지방의 비율을 40·30·30으로 맞추어 저당질을 섭취하게 하는 다이어트인 존 다이어트, 현재 미국과 우리나라에서 제공되는 가이드라인과 비슷한 당질을 55~60% 섭취하는 런 다이어트, 일본에서 선호하는 저지방고당질의 오니시 다이어트를 비교였을 때 케톤 다이어트를 표방하는 애킨슨에서 체중 감량 효과가 가장 커서 고지방저당질 식사에 대한 흥미가 유발되었다.

하지만 2009년 『NEJM』 저널에 발표된 연구에 의하면 2년 동안 좀 더 장기간 대규모 무작위 배정 연구를 진행하였을 때 각 비만 프로그램마다 체중 감량의 큰 차이는 없었고, 체중 감량을 결정하는 가장 큰 요인은 프로그램을 잘 따라오는 참여율이라고 보고하였다. 즉, 단백질, 당질, 지방 중 어떤 영양소를 많이 섭취하느냐는 의미가 없다는 것이다. 또 다른 연구에서는 단백질·지방·당질의 비율에 상관없이 열량 섭취량이 동일하다면 내장 지방과 피하 지방의 감량 비율이 다르지 않다는 연구도 보고되었다.

고지방 식사에서 단기간의 부작용은 주로 소화기 부작용으로 역류성식도염, 변비 등을 들 수 있고 신체의 산성화, 저혈당, 탈수, 기력 없음이다. 장기간의 부작용은 심각한 결과를 초래할 수 있는데 고지혈증, 특히 심혈관 질환과 관련이 있는 LDL콜레스테롤의 증가, 요산 상승, 심근병증 등을 들 수 있다. 고지방식으로 인한 문제점뿐 아니라 동반되는 저당질식의 문제점 또한 무시할 수 없다.

저당질 식사를 하면 중성지방이 저하되고, 좋은 콜레스테롤인 HDL콜레스테롤을 보존하면서 효과적으로 체중 감량을 할 수 있고 당뇨환자의 혈당 조절과 인슐린 민감도 증가에 기여할 수 있다. 하지만 저당질 식사의 단점은 장기간 지속하기가 힘들고 오히려 체내에서 산화스트레스를 증가시켜 혈관의 내피세포의 기능을 떨어뜨려 심혈관 질환의 위험을 높일 수 있다. 또 섬유질 같은 좋은 당질 섭취의 감소는 변비 등과 같은 소화기 질환을 발생시킬 수 있다. 저당질 식사를 장기간 하게 될 경우 몸의 산성화로 인해 골소실, 골다공증과 연관되고 체내에서 글리코겐 저장의 감소로 인해 고강도 운동 수행 능력이 떨어지게 된다. 또 당질 대신 포화지방을 많이 섭취하게 되었을 때 LDL콜레스테롤이 증가할 수 있다.

최근 고지방저당질 식사의 붐 이후 가정의학회를 비롯하여 여러 학회는 고지방저당질 식사에 대해 우려를 나타내는 성명서를 발표하였다. 이들 성명서에서는 균형 있는 식사에 대한 강조와 양이 아닌 질을 고려하여 단순당과 포화지방을 줄여야 한다고 했고 심장이나 콩팥이 나쁜 환자, 심한 당뇨병 환자는 고지방저당질 식사와 같이 한 가지 영양소에 편중된 식사법을 함부로 따라 해서는 안 된다고 성명을 발표한 바 있다.

떠오르는 식사 요법, 지중해 식사

지중해 식사(Mediterranean Diet)는 2010년 유네스코 세계무형문화유산으로 등재된 대표적인 건강식단이다. 이 식단의 영양적 의미는 복합 당질과 식이섬유의 섭취가 높으며, 총 열량의 40% 정도로 지방 공급 비율이 높으나 지방산의 구성은 단일 불포화지방산이 높다.

식품 구성으로는 채소, 콩류, 과일, 견과류, 정제되지 않은 곡류, 올리브오일의 섭취는 높게, 생선류는 적당히 높게, 치즈와 요구르트 형태의 유제품은 중간 정도로, 포화지방산과 육류와 가금류의 섭취는 낮게 하였다. 최근 지중해 식사가 여러 연구를 통해 대사증후군의 호전, 심근경색, 뇌졸중, 심부전 및 암 발생을 낮추고 총 사망률을 낮추는 식사로 알려져 있다. 또 인지 기능 저하를 저지하는 것으로도 알려져 있다.

지중해 식사 섭취 방법

- 하루 3~4번(저지방우유, 저지방그리스요구르트) 섭취
- 하루 한 번 정도 치즈 섭취(1회 섭취량=40g hard, 50g semi-soft, or 120g soft cheese)
- 하루 한 테이블스푼 이상 엑스트라버진 올리브오일 섭취(20㎖)
- 하루 2~3번 이상 신선한 과일 섭취

- 매주 3번 이상 잡곡
- 매주 3번 이상 생선, 해산물
- 매주 3번 이상 견과류 섭취

- 식사의 바탕은 통곡의 시리얼(빵, 파스타, 밥, 시리얼), 견과, 생선, 달걀, 생채소 혹은 익은 채소
- 붉은 고기류는 제한(지방제거), 햄이나 초콜릿은 한 주 한 번 이상 먹지 않는다.
- 한 주 두 번 이상은 토마토 페이스트를 이용하여 요리(엑스트라버진 올리브오일, 토마토, 마늘과 양파 포함)
- 크림, 버터, 마가린, 차가운 동물성고기, 오리, 정제된 당질, 당질 음료, 페스트리, 상업적 빵(도넛, 케이크, 쿠키) 푸딩 등의 디저트를 되도록 먹지 않는다.
- 알코올을 섭취할 때는 적포도주 선택(200㎖)

38세 남자로 결혼을 앞두고 한 달 동안 방송을 시청한 이후 고지방저당질 식사를 따라 한 후 혈당은 좋아지고 체중도 5kg 정도 감소하였으나 정상이던 콜레스테롤이 239mg/dL로 상승했는데, 특히 LDL콜레스테롤은 약을 복용해야 하는 170mg/dL까지 상승했고 요산은 9.3으로 상승하였다.

검사	단위	참고치	결과
칼슘	mg/dL	8.5-10.1	10.2
인	mg/dL	2.9-4.6	4.1
공복혈당	mg/dL	80-118	92
혈액요소질소	mg/dL	8.6-23.0	8.1
크레아티닌	mg/dL	0.72-1.18	0.8
요산	mg/dL	3.5-8.0	5.5
콜레스테롤	g/dL	〈200	198
총단백	g/dL	6.9-8.3	7.2
알부민	g/dL	3.4-5.3	4.5
총빌리루빈	mg/dL	0.3-1.8	0.7
알칼리인산분해효소	IU/L	44-99	61
아스파르테이트아미노전달효소	IU/L	16-37	20
알라닌아미노전달효소	IU/L	11-46	17
직접 빌리루빈	mg/dL	0.1-0.3	0.7
감마-글루타밀트랜스펩티다제	IU/L	8-46	
중성지방	mg/dL	60-160	
고밀도 콜레스테롤	mg/dL	40-60	54
저밀도 콜레스테롤	mg/dL	〈129	
사구체여과율((MDRD)	mℓ/min/1.73㎡	≥60	78.43
사구체여과율 (CKD-EPI)	mℓ/min/1.73㎡	–	
알부민/글로불린 비율		1.43-2.57	

고지방저당질 식사 요법을 권유받아 2달 동안 당질은 전혀 안 먹고 삼겹살 등 고지방 식사만 했는데 체중 감량은 일어나지 않고 당뇨병이 발병하고 콜레스테롤이 214-300mg/dL로 상승, 중성지방도 2,000mg/dL이상 극심하게 높아지는 위험한 결과를 초래했다.

검사명	단위	참고치
칼슘	mg/dL	8.5-10.1
인	mg/dL	2.9-4.6
공복혈당	mg/dL	80-118
혈액요소질소	mg/dL	8.6-23.0
크레아티닌	mg/dL	0.72-1.18 (여: 0.5-1.02)
요산	mg/dL	3.5-8.0 (여: 2.5-5.4)
콜레스테롤	g/dL	200
총단백	g/dL	6.9-8.3 (여: 5.6-7.8)
알부민	g/dL	3.4-5.3
총빌리루빈	mg/dL	0.3-1.8 (여: 0.2-1.2)
알칼리인산분해효소	IU/L	44-99 (여: 35-83)
아스파르테이트아미노전달효소	IU/L	16-37 (여: 14-30)
알라닌아미노전달효소	IU/L	11-46 (여: 6-33)
직접 빌리루빈	mg/dL	0.1-0.3
감마-글루타밀트랜스펩티다제	IU/L	8-46
중성지방	mg/dL	60-160
고밀도 콜레스테롤	mg/dL	40-60
저밀도 콜레스테롤	mg/dL	70-160

고지방저당질 식사 사례 3

대학입학시험을 마치고 체중 감량을 위해 고지방저당질 식사를 시행한 이후 피부에 심한 피부병변이 생겼는데, 피부과에서 받은 진단은 Prurigo pimentosa로 고지방저당질 식사를 하는 사람에서 잘 생기는 피부 병변으로 처방받은 치료 방법으로는 어떤 약도 복용하지 않고 단지 당질 섭취만 권유를 받았고, 실제 당질 섭취를 늘린 후 호전되었던 케이스이다.

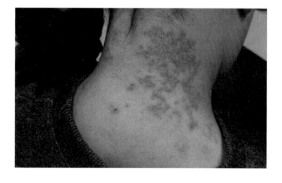

PART 3

건강 식단으로
실천하기

지금까지 대사증후군을 예방하고 치료하기 위한 식사 원칙
과 실천 방법을 알아보고, 식습관을 어떻게 개선해야 하는지
에 대해 살펴보았다. 이번 장에서는 이를 바탕으로 건강한 식
사를 하기 위한 구체적인 실천 전략을 알아보자.

건강 식단 첫걸음

식품의 종류와 양으로 하루 적정 열량 기억하기

섭취 열량과 식품군은 대사증후군 치료에 필요한 건강한 체중 감량을 위한 도구이다. 열량은 줄이되 식품은 다양하게 먹어야 한다.

앞 장에서 제시한 방법으로 본인에게 맞는 적절한 열량을 산출하고 이에 맞게 식품군별 섭취량을 정하여 먹는 방법이 이상적인 방법이지만, 복잡한 생각이 들어 엄두가 나지 않는다면 대사증후군의 취약 인구 집단인 40세 이상일 때 남자의 경우 1,800kcal, 여자의 경우 1,500kcal에서부터 시작해보자. 아래에 1,800kcal, 1,500kcal 별로 각 식품군에서 하루 먹어야 할 양을 제시해놓았다. 각각의 식품군의 1일 섭취량을 기억하고 곡류, 어육류군, 채소군, 그리고 지방군의 식품은 끼니별로 비슷하게 배분하여 섭취한다. 우유군과 과일군은 간식으로 섭취하도록 한다. 열량별 식품군의 섭취 목표량을 기억하고 식사 때마다 각각의 식품군을 섭취했는지를 확인하고 부족한 것을 다음 식사에 보완한다면 균형 맞는 영양 섭취를 할 수 있을 것이다. 섭취 열량을 조정하고 싶다면 100kcal~300kcal 정도는 밥 70g(1/3공기=100 kcal)의 양을 1~3끼를 덜 먹거나 더 먹는 것으로 조정하면 쉽게 조절할 수 있다.

식품군을 이용한 1800 kcal 섭취 계획(안)

식품군	1회 섭취량	하루 섭취량
곡류군	1공기 (210g)	• **매끼 밥 1공기 (210g)** • 식빵 3쪽 혹은 삶은 국수 1.5공기(270g)와 바꿔 먹을 수 있다.

어육류군	고기 1접시 또는 생선 1토막	• **매끼 1~2가지** 의 어·육류찬으로 먹는다.
		• 살코기 4~5점=생선1토막=달걀1개=두부 1/6모
		  비슷한 열량과 영양소로 매끼별로 다양하게 먹을 수 있다.
		  예) 아침에 달걀찜 1개, 점심에 불고기 8~10점, 저녁에 생선 2토막
		• 갈비, 삼겹살 등 기름기 많은 육류의 잦은 섭취는 금물

채소군	1접시	• 매끼 1 접시 정도의 채소를 먹는다. 가급적 다양한 종류로 선택 • 기름진 샐러드드레싱은 금물
지방군	1작은술	• 식물성 기름(참기름, 들기름, 콩기름 등)로 매끼 1작은 술 정도 사용
우유군	1컵	• 하루 1번 간식으로 이용 – 저지방 우유 1컵 혹은 플레인 요구르트면 더 좋다.
과일군	귤 1개 또는 사과 1/3개	• 사과⅓개 = 배¼개 = 단감½개 = 귤1개 = 토마토(대)1개 = 무가당주스½컵(100㎖) = 토마토주스1컵(200㎖)은 서로 바꿔 먹을 수 있음 • 하루에 2회 정도 간식으로 이용

* 밥 70g = 식빵 1쪽 = 국수 90g

식품군을 이용한 1500 kcal 섭취 계획(안)

식품군	1회 섭취량	하루 섭취량
곡류군	1공기 (140g)	• **매끼 밥 2/3공기 (140g)** • 식빵 2쪽 혹은 삶은 국수 1공기(180g)와 바꿔 먹을 수 있다.

어육류군	고기 1접시 또는 생선 1토막	• **매끼 1~2가지** 의 어·육류찬으로 먹는다.
		• 살코기 4~5점=생선1토막=달걀1개=두부 1/6모
		  비슷한 열량과 영양소로 매끼별로 다양하게 먹을 수 있다.
		  예) 아침에 달걀찜 1개, 점심에 불고기 8~10점, 저녁에 생선 2토막
		• 갈비, 삼겹살 등 기름기 많은 육류의 잦은 섭취는 금물

채소군	1접시	• 매끼 1 접시 정도의 채소를 먹는다. 가급적 다양한 종류로 선택 • 기름진 샐러드드레싱은 금물
지방군	1작은술	• 식물성 기름(참기름, 들기름, 콩기름 등)로 매끼 1작은 술 정도 사용
우유군	1컵	• 하루 1번 간식으로 이용 – 저지방 우유 1컵 혹은 플레인 요구르트면 더 좋다.
과일군	귤 1개 또는 사과 1/3개	• 사과⅓개 = 배¼개 = 단감½개 = 귤1개 = 토마토(대)1개 = 무가당주스½컵(100㎖) = 토마토주스1컵(200㎖)은 서로 바꿔 먹을 수 있음 • 하루에 2회 정도 간식으로 이용

처음에는 하루 한 끼라도 제대로 먹는 습관 기르기

평소에 식사량이 많았다면, 위에서 제시한 하루 섭취 열량으로 처음부터 하였을 때 실패할 확률이 높고 어렵사리 시작하여도 오래 유지하기가 힘들다. 특히 시일이 경과하게 되면 점점 자신도 모르게 많이 먹게 되고, 이렇게 한 체중 감량도 잠깐 다시 예전 체중으로 요요가 쉽게 올 수 있다. 처음 1주일은 하루 한 끼 식사만이라도 영양 균형이 맞추어진 식사로 적정량 먹는 습관을 들여 보자. 어느 끼니에 할 것인지는 각자의 생활 패턴에 따라 맞추면 된다. 다음 장에서 다양한 요리를 열량별로 구성하여 제시하였으니, 하루 한 끼 정도는 소개한 레시피를 참조하여 먹어보자. 한 끼에 영양밸런스가 맞추어진 식사를 하게 되면, 천천히 소화되고 포만감이 오래 유지되면서 간식 섭취가 필요 없게 되거나, 그다음 끼니에 식사 양까지 조절되는 것을 경험하게 된다. 그러면서 식사 양이 어느 정도 습관이 되면 점심, 저녁까지 적용해보자. 이 또한 매일 어렵다면 처음에는 일주일에 1~2회 혹은 주말에만 적용해보는 것이 좋다.

자신의 식습관을 파악해 식사 문제점 고쳐 나가기

"You are what you eat" 이라는 말이 있다. "내가 먹는 것이 곧 나"라는 뜻으로 지금 먹고 있는 것이 나를 만드는 재료가 되고, 그 재료로 만들어진 내 몸의 세포, 기관들의 기능이 나의 건강, 생활의 활력 등을 만드는 것이라는 의미로 해석된다. 그러니 제대로 먹어야 한다. 방법은 간단하다. 적정한 양으로 다양하게 꾸준히 먹도록 하자. 먹거리가 풍부하고, 바쁜 현대의 생활에서 내가 잘 먹고 있는 건지 알고 먹기란 쉽지 않다. 많은 상담을 해본 결과, 의외로 많은 사람들이 자신은 항상 건강하게 먹고 식습관이 나쁘지 않다고 생각하고 있다. 심지어 다른 사람들보다 많이 먹지도 않는데 왜 살이 찌는지 의아해하는 경우도 있다. 지피지기면 백전백승인 법! 번거롭더라도 자신이 먹는 것을 빠짐없이 기록해 식사 일기를 써 보자. 기록이 여의치 못하다면 스마트폰으로 사진을 찍는 것도 방법이다. 식사 일기는 최소한 3일 이상은 기록해야 하며 주중과 주말의 식습관이 다를 경우에는 주말이 포함되도록 해야 한다. 음식을 먹을 때마다 음식의 종류와 양을 기록하고, 먹는 시간, 장소 등을 자세히 기록해보자.

사무직 직장인이 7일간 작성한 식사 일기를 분석한 내용이다. 3~7일간의 식사 일기를 통해 무의식적으로 먹는 음식이 있는지, 식사시간이 불규칙한지, 식사량이 많은지, 간식이 많은지, 고열량의 간식을 먹는지, 식사속도는 빠르지 않은지 등 원인을 파악한다면 이를 고치기 위한 전략을 짜기가 쉽다. 식사 일기는 나의 식습관을 점검하는 기초자료이다. 꾸준히 쓰게 되면 하루의 영양소 섭취가 부족하면 다음 날에 이를 보충해서 섭취하도록 하고 만일 섭취량이 과잉되었다면 다음날 조금 적게 먹어 평균 섭취량을 유지하도록 할 수 있다. 한 걸음씩 고쳐나가다 보면 언젠가는 건강한 식습관을 지닌 자신으로 변화된 자신을 확인할 수 있을 것이다.

구분	평소(3회)	평소+회식(2회)	평소+야식(2회)
아침	시리얼+우유, 믹스커피	시리얼+우유, 믹스커피	시리얼+우유, 믹스커피
점심	잡곡밥, 미역국, 고등어구이, 시금치, 배추김치, 믹스커피	잡곡밥, 무국, 오징어무침, 깻잎찜, 배추김치, 믹스커피	잡곡밥, 된장국, 불고기, 콩나물무침, 배추김치, 믹스커피
저녁	햇반, 카레, 믹스커피	삼겹살, 채소쌈, 소주, 밥, 된장찌개, 치킨, 맥주, 믹스커피	햇반, 카레, 믹스커피, 야식: 밥, 라면, 믹스커피

	총 1,599 Kcal	총 3,062 Kcal	총 2,455 Kcal
당질	246/328g	246/328g	391/328g(초과)
단백질	62/60g(초과)	117/60g(초과)	84/60g(초과)
지방	42/50g	101/50g(초과)	64/50g(초과)
	기준치	기준치	기준치

1일 영양소 기준치 대비 섭취량

* 식사 일기를 통한 회사원의 식사 섭취 패턴 및 영양 섭취 양상

1. 일별 열량 섭취량의 편차가 큰 편으로, 1일 평균 약 2,300kcal 섭취

⋯▸ 이는 본인의 필요 열량 대비 300kcal 초과 섭취 => 체중 증가 원인

2. 영양소 구성에서는 지방 섭취가 과다하며 특히 포화지방산 섭취가 높은 편

⋯▸ 균형 있는 영양소 섭취에 대한 개선이 필요

3. 특히 믹스커피의 습관적 섭취가 관찰됨

⋯▸ 믹스커피를 물이나 아메리카노 커피 등으로 변경할 필요 있음

대사증후군 치료 효과를 배가시키는 식습관들

하루 필요량에 맞게 영양 균형식으로 구성하여 섭취하다 보면 몸이 가벼워지는 것을 느끼게 된다. 어느 덧 먹는 것에 대한 집착도 벗어나게 되고 체중 조절에 대한 자심감도 붙게 된다. 그러나 목표 체중에 도달할 때까지 긴장을 늦추면 안 된다. 이제부터 일상에서 좀 더 신경을 쓰면 효과가 배가되는 식습관을 소개한다. 가능한 것부터 하나하나 실천해보자.

열량을 줄여 조리하기

같은 양의 음식이라 하더라도 조리법에 따라 열량을 감소시킬 수 있다. 보통 하루 섭취 열량의 15~20% 정도가 조리 시에 사용되는 기름이나 설탕의 열량이다. 따라서 기름을 많이 사용하는 튀김, 전, 볶음보다는 굽기, 삶기, 찌기의 조리법을 사용하고, 설탕, 엿, 참기름 등의 양념을 많이 사용하는 조림류보다는 식품 그 자체의 담백한 맛을 내는 구이나 양념을 즉석에서 바르거나 무치는 조리법으로 먹게 되면 최소 150kacl에서 300kcal까지 줄일 수 있다. 예를 들어 감자 100g을 쪄서 먹으면 약 65kcal이지만 감자전으로 먹으면 기름이 첨가되어 동일한 양이더라도 195kcal나 된다. 또 고기의 경우 40g을 장조림으로 먹으면 65kcal가 되지만, 불고기로 먹을 경우 90kcal가 되고, 튀김으로 먹는 경우에는 160kcal나 된다.

식품별 열량 절약 조리법

❶ 소고기, 돼지고기
- 가급적 기름은 떼어내고 살코기만을 이용한다.
- 볶거나, 부치거나 튀기는 조리법은 피하고 찜요리를 많이 이용한다(예: 편육 등).
- 기름과 설탕을 많이 사용한 음식은 피한다(예: 탕수육, 강정 등).
- 구이요리를 할 때에는 팬에 기름을 두르기보다 오븐, 전자레인지 등을 이용한다.

❷ 닭요리
- 껍질은 지방이므로 요리하기 전에 다 벗긴다.
- 요리의 재료로 안심이나 가슴살 등 비교적 기름이 적은 부위를 선택한다.
- 기름, 설탕 혹은 엿 등의 당분을 많이 사용하는 조리법은 피한다(예: 깐풍기, 치킨 등).
- 기름을 쓰지 않고도 조리가 가능한 방법을 이용한다(예: 닭백숙, 닭찜 등).

❸ 채소류
- 샐러드에 쓰이는 드레싱은 기름보다는 간장을 이용한 오리엔탈드레싱을 이용한다.
- 샐러드를 만들 때 식초나 과일즙을 첨가하여 희석하여 사용하거나 설탕, 기름의 비율을 낮춘다.
- 튀김 등 기름을 많이 사용하는 조리법은 가급적 피한다.
- 쌈이나 스틱으로 썰어서 양념장에 찍어 먹는다(예: 양배추찜 등).

❹ 곡류
- 밥을 이용한 일품 요리 시 기름을 많이 사용하지 않도록 유의한다(예: 볶음밥, 짜장밥, 카레라이스 등).
- 국수류도 비빔국수 등 기름을 사용하기보다는 잔치국수 등 국물이 있는 것이 좋다.
- 간식류로 튀김보다는 찜 등의 방법을 이용한다(예: 찐 옥수수, 찐 감자, 찐 고구마 등).

❺ 과일류
- 설탕이나 시럽을 많이 사용하는 통조림, 병조림법 등은 가급적 피한다.
- 말린 과일은 수분이 줄어들면서 열량이 높아지므로 적게 사용한다(예: 건포도, 곶감, 대추 등).
- 설탕과 기름을 많이 필요로 하는 파이 요리는 피한다(예: 사과파이 등).
- 무가당 주스라고 해서 당분이 없는 것은 아니다. 과일 자체에 천연 과당이 들어있어 열량을 갖고 있다는 사실에 주의한다.

❻ 열량이 아주 적어 식단을 짤 때 자주 사용하면 좋은 식품
- 녹색 잎채소, 오이, 배추, 상추, 김, 미역, 다시마, 한천 등
- 향신료: 겨자, 식초, 계피. 레몬, 핫소스, 우스타소스 등

니트 열량 증가하기

먹는 양을 줄이는 것도 중요하지만 일상생활 속에서 열량 소모를 높이는 쪽으로 습관을 들이는 것도 필요하다. '니트(NEAT) 다이어트'는 생활 습관의 변화를 꾀하는 방식으로 Non-exercise activity thermogenesis(비운동성 활동 열 생성)의 머리글자를 줄인 것이다. 미국 메이요 클리닉 제임스 레바인 박사팀이 주도적으로 연구를 진행하고 있는 니트 다이어트는 앞의 2장에서 언급했듯이 일상에서 작은 신체적 활동을 늘리는 방안으로 일을 미루지 말고 신속하게 처리하는 습관 갖기, 실내 온도를 약간 낮게 유지하기, 앉아 있는 시간 줄이기, 수시로 몸에 힘을 줘서 열을 내기, 테이블 활용해 선채로 옷 다리기 등을 제안한다.

사람이 하루에 소비하는 총 열량의 70~85% 이상이 니트에 해당된다. 가만히 앉아있는 동안에도 우리 몸은 음식물을 소화시키고, 호흡하고, 체온을 유지시키고, 뇌 활동을 하며 니트 열량을 소모한다. 어디 그뿐인가? 아침에 일어나 세수를 하고 옷을 입고 출퇴근하고 집을 청소를 하는 동안에도 니트 열량이 소모된다. 남성은 하루 평균 소모 열량인 2,500kcal 중 1,750kcal 이상, 여성은 2,000kcal 중 1,400kcal 이상이 니트에 속한다. 이렇게 하루 총 소비 열량의 대부분을 차지하고 있는 니트를 증가시키면 운동을 별도로 하지 않아도 살이 빠질 수 있다. 조바심을 갖고 빨리 일하는 습관을 들이면 뇌 활동량과 근육 사용량 등이 많아져 니트가 증가할 수 있다. 추운 환경에 노출되면 체온을 유지시키기 위해 더 많은 열을 내게 돼 니트가 증가하고, 서있는 시간이 늘면 근육 사용량이 늘어 역시 열량 소모가 많아진다. 또 이런 습관이 길러지면 체내 근육 양이 조금씩 증가하면서 기초대사량이 증가해 살빼기가 더욱 쉬워진다는 논리이다.

하루 3회 규칙적으로 식사하기

식사의 규칙성은 체중 감량에 매우 중요하다. 식사를 규칙적으로 먹는 사람과 불규칙적으로 하는 사람은 하루 동안 똑같은 열량을 섭취해도 체내에서 열량 관리가 다르다. 식사가 불규칙한 사람은 하루에 한 끼만 먹어도 그 적은 분량에서도 일정한 양의 열량을 체지방으로 미리 저축해둔다. 반면 규칙적인 사람은 그때그때 들어온 열량을 모두 사용하여 잉여 열량을 비축하지 않는다. 하루 3회는 체중 감량을 위해 먹는 최소한의 횟수이다. 식사와 식사 사이 간격은 4~5시간이 적당하고 최대 6시간을 넘지 않도록 하는 것이 좋다. 식사 간격이 지나치게 길어질 것 같으면 중간에 열량이 낮은 간식을 먹어 두어 배고픈 상태로 식사하지 않도록 주의해야 한다. 또한 아침, 점심, 저녁 식사를 비슷한 양으로 배분하는 것이 좋은데 조금 더 주의하고 싶다면 하루 활동시간과 양을 고려하여 아침 식사는 간단하게라도 꼭 먹고, 점심 식사는 영양밸런스를 맞추어 든든하게 먹되, 저녁 식사는 평소보다 가볍게 먹고 저녁 식사 이후에 간식을 먹지 않는 방법이 동일한 열량 범위에서도 효과적인 것으로 연구되고 있다.

아침 식사 꼭 하기

아침을 너무 적게 먹거나 혹은 불균형 되게 먹으면 다음 끼니는 보상 차원에서 폭식하게 된다. 또한 혈당치가 약 65mg/dL 떨어지면 생리적으로 단 것이 먹고 싶어진다. 따라서 아침에 가볍게라도 영양소를 골고루 갖추어 식사를 하는 것이 좋다.

에너지 공급원인 당질은 소화를 지연시키는 단백질과 지방과 같이 있을 때, 혈액 속으로 천천히 흡수되어 에너지 공급이 여러 시간 동안 동일한 수준으로 유지될 수 있다. 바쁜 아침 시간을 효율적으로 활용하기 위해 선식이나 미숫가루 등을 많이 이용하기도 하는데, 이때 선식을 물에 타서 먹기보다는 저지방우유나 두유 등에 섞어 먹으면 부족한 단백질을 보충할 수 있어서 좋다. 빵만 먹기보다는 채소, 달걀, 치즈 등을 넣은 샌드위치로 먹게 되면 더 다양한 영양소를 섭취할 수 있고 포만감이 오래 가기 때문에 다음 끼니에서 폭식을 막을 수 있다. 수프나 영양죽 등도 식사 대용으로 활용하기 좋다.

간식은 200kcal 내에서 먹기

여자의 경우 체중 조절을 실패하는 원인 중 하나로 간식을 꼽을 수 있다. 간식은 식사와 식사 사이에 간단하게 먹는 음식인데, 최근 서양식 디저트 요리가 유행하면서 달콤한 맛의 유혹을 뿌리치기란 쉬운 일은 아니다. 간식은 200kcal 범위 내로 먹도록 해야 한다. 예를 들어 찐고구마 1/2개 혹은 감자 1개 혹은 옥수수 1/3개 혹은 밤 3알 정도면 100kcal가 된다. 여기에 저지방우유 1컵이나 플레인요구르트 1개 정도(80kcal) 곁들이면 180kcal로 적당하다. 카페라떼 대신 아메리카노 커피를 마시면 100kcal는 줄일 수 있다. 과일의 경우도 예외가 아니다. 많은 책에서 과일은 괜찮다고 권하는데, 과일 또한 열량이 있으므로 양의 조절이 필요하다. 귤(중) 1개, 딸기 7개, 사과 1/3개 정도가 50kcal이다. 그러면 마음 놓고 먹을 수 있는 간식은 없는 걸까? 아무래도 채소류가 가장 만만하다. 오이나 당근, 그리고 무, 양상추, 양배추 등을 차게 해서 먹으면 그런대로 먹을 만하다.

같은 열량이라도 야식은 금물

같은 열량을 섭취하여도 밤에 음식을 섭취하면 살이 더 찌는데, 그 원인을 호르몬에서 찾을 수 있다. 음식을 먹게 되면 우리 몸에서는 인슐린(insulin)과 글루카곤(glucagon)이라는 호르몬이 함께 분비된다. 인슐린은 당질 식품의 소화 과정에서 분해된 포도당이 혈액으로 나오게 되면, 혈당 유지에 필요한 양을 제외하고 나머지는 세포, 간과 근육으로 보낸다. 세포나 간, 근육에 보내진 포도당은 에너지원으로 사용되고 남은 포도당은 다시 지방으로 변환시켜 지방조직에 보관하게 한다. 글루카곤은 인슐린과 반대로 우리 몸의 지방세포의 분해를 유도하는 호르몬으로 밤에는 글루카곤이 분비되지 않는다.

밤에는 낮처럼 활동량이 많지 않기 때문에 포도당이 제대로 쓰이지 않고 지방으로 전환되게 되고, 글루카곤이 분비되지 않아 지방세포가 분해되지 않아 결국 섭취한 음식물이 그대로 지방으로 전환되게 되는 것이다. 그뿐만 아니라 우리 몸은 낮 동안의 활동을 위해 교감신경계가 작동하고 밤 동안 휴식을 위해 부교감신경이 작동하는데, 밤에 음식을 섭취하게 되면 신경계는 혼란을 느끼게 되고, 본능적으로 몸을 빠르게 휴식 상태로 가기 위한 방법을 강구하게 된다. 다시 말해 음식에서 나온 영양소들을 빠르게 대사하고 잉여 열량을 지방으로 전환시키게 된다. 이는 결국 낮 보다 먹는 양이 적다 하더라도 야식을 먹으면 지방으로 빠르게 전환되면서 쉽게 체중을 증가시킨다. 따라서 활동 상황에 따라 저녁 식사 후 또는 10시 이후에는 야식을 하지 않는 것이 좋고 꼭 먹어야 한다면 저지방우유나 과일 등 100kcal 이내의 음식을 먹도록 한다.

짜고 맵지 않게 먹기

소금은 식욕을 자극해서 식사량을 늘린다. 흔히 밥도둑이라 불리는 반찬을 보면 간장게장, 굴비, 젓갈류 등 짠 음식이 대부분인데, 짠 음식을 먹으면 밥을 많이 먹게 되므로 열량 섭취가 증가하는 원인이 된다. 어디 그 뿐인가? 짜게 먹어 몸에 소금이 축적되면 그 문제를 해결하기 위해 물을 많이 마시게 된다. 또 위의 용량이 증가하게 되어 점점 포만감을 인식하는 양이 늘어나게 되어 나도 모르게 식사량이 점점 증가하는 악순환이 계속 되는 것이다.

우리나라 사람들의 소금 섭취 경로는 주로 김치나 국, 찌개, 어패류 등이다. 이들의 섭취만 1/2로 줄여도 소금 섭취는 1/3로 줄일 수 있다. 따라서 국물을 남기거나, 국그릇의 크기를 반으로 줄이거나, 김치를 가급적 작게 썰어 먹는다거나, 간장, 된장, 고추장 등을 이용한 반찬보다는 가급적 겨자, 마늘, 양파 등을 사용한 소스를 만들어 찍어 먹는 방법, 오이, 당근, 무, 파프리카, 양상추 등 채소류를 차게 하여 그대로 자주 먹는 방법 등을 시도해보자. 나트륨의 배설을 촉진시키는 무기질인 칼륨이 풍부한 채소류나 과일, 감자 등을 자주 먹는 것도 좋다. 생선도 구울 때는 소금보다는 생강즙, 다진 마늘, 녹차 등을 발라서 재운 후 굽는 것도 소금을 줄이는 하나의 요령이 될 수 있다. 한때 고추 다이어트가 유행한 적이 있다. 고추의 매운 성분인 캡사이신이 지방 분해 효과가 있다고 하여 매운 음식만 먹는 열풍이 불기도 했다. 그러나 매운 음식은 식욕을 자극하고 짠맛과 단맛이 어우러져 식사량을 증가시킬 뿐 아니라 동일한 양이라도 열량이 높다. 따라서 매운 음식을 자주 먹지 않는 것이 좋고 이왕 매운 맛을 즐기려면 고추장이나 고춧가루보다는 청양고추 등으로 담백하게 즐기는 것이 더 좋다.

채소나 통곡류 식품으로 식이섬유 많이 먹기

우리 몸에는 열량 섭취를 멈추게 하는 신호등이 있다. 바로 포만감인데, 이는 음식의 부피감으로부터 느껴지며 식품 속에 있는 식이섬유의 양으로 결정된다. 식이섬유는 인간의 소화 효소에 의해 소화되지 않는 셀룰로오스, 펙틴, 검 등의 다당류와 리그닌 등의 비 당질류를 말한다. 식이섬유는 장에서 소화 흡수되지 않기 때문에 열량을 내거나 신체 대사 조절을 하지는 못하나, 장에서 물을 흡수하여 부피감을 증가시켜 포만감을 느끼게 하고 포도당의 흡수를 지연시켜준다.

식이섬유의 섭취는 하루에 20~25g 정도로 권장한다. 식이섬유를 섭취할 때는 물과 함께 섭취하는 것이 중요한데, 만약 물을 먹지 않으면 변이 단단해져서 배변이 더 어려울 수 있다. 양질의 식이섬유는 자신이 무게보다 40배 많은 물을 흡수할 수 있어서 변비나 대장암 예방에 효과가 있다. 양상추, 브로콜리, 당근이나 오이 등 채소류나 해조류, 잡곡류나 두류, 감자, 고구마 등에 포함된 식이섬유가 이에 속한다. 우거지나 배추, 부추, 산나물 등 질기거나 거친 식이섬유는 물을 흡수하지 못하고 소화되지 못한 채 대변으로 그대로 나와 식이섬유의 역할을 제대로 하지 못한다. 한편 과일에 많은 펙틴섬유는 부드러운 것이 특징이며 변비나 대장암의 예방 효과보다는 콜레스테롤이나 중성지방의 재흡수를 억제하는 효과가 큰 것으로 연구되고 있다.

천천히 먹는 습관 들이기

포만감은 과식을 억제해주는 중요한 신호등이다. 먹은 음식이 위에 들어가서 포만감이 느껴지기까지는 약 15~20여분 정도의 시간이 걸린다. 따라서 식사는 최소한 15분 이상 먹는 것이 좋다. 한국 사람들은 음식을 빨리 먹는 편인데, 충분히 먹었음에도 미처 포만감이 느껴지지 않아 먹어야 할 양보다 더 많이 먹게 된다. 특히 뜨거운 국이나 물에 말아 먹으면 그야말로 '후루룩'이다. 이렇게 되면 주식 위주의 당질 식사가 될 수 있어 영양의 균형이 깨지면서 금방 배고프게 된다. 또 간식 섭취량이 많아지거나 다음 끼니에 보상 심리로 식사량이 많아질 수 있다. 따라서 밥에 국이나 물 말아 먹는 습관을 고치고 가급적 수저 대신 젓가락을 사용하여 반찬을 먹으면 섭취량을 줄일 수 있다. 무엇보다도 영양소 균형과 식이섬유가 적절한 식사를 통해 다음 식사까지 포만감을 유지하여 허겁지겁 먹는 것을 피하도록 하는 것이 중요하다.

영양 성분 파악하며 외식하기

현대인의 식사 섭취 의존도가 가정식보다 외식이 높아지는 추세이다. 외식업소들은 업소 간에 경쟁력 확보를 위해 더 자극적인 맛을 개발하거나 음식 가짓수를 늘이고 있다. 우리나라의 경우 여전히 음식을 인심으로 여기는 문화가 있어서 외식에서 나오는 양이 많은 편이다. 따라서 자주 먹는 외식의 영양 성분을 파악하는 것이 필요하다. 영양 성분에 대한 정보에서 열량은 음식의 좋고 나쁨을 판단하는 기준이 아니다. 영양 정보를 참고하여 개인별의 상황에 맞게 섭취량을 조절하거나, 개인에게 필요한 영양 성분에 맞는 메뉴를 선택해 활용하도록 한다. 예를 들어 삼계탕은 열량은 높지만 당질보다는 단백질과 지방의 함량이 더 많고, 유사한 열량을 가진 짬뽕은 반대로 당질의 함량이 더 높다. 이러한 정보를 토대로 본인에게 필요한 메뉴를 선택하거나, 본인의 열량 기준량에 맞게 양을 줄이거나 다음 끼니에 혹은 간식을 통하여 부족했던 영양소 균형을 맞추면 된다.

아래는 건강하게 외식을 선택하는 방법이다.

① **너무 배고픈 상태로 식당에 가지 말자.**
너무 배고프면 가기 전에 물이나 과일 한 조각을 먹어보자. 그러면 주문을 하거나 먹을 때에 양을 조절할 수 있다.

② 가급적 메뉴 선택 시 열량이 적은 메뉴 또는 조리법으로 선택한다.

종류	좋은 음식	나쁜 음식
한식	비빔밥, 백반류, 쌈밥, 덮밥류, 보쌈, 샤브샤브, 찌개류, 냉면, 탕류 단, 밥의 양을 조금 줄이거나 짠 밑반찬은 적게 먹는다.	볶음밥, 칼국수, 갈비찜, 갈비구이, 한정식, 삼계탕
중식	우동, 중국식 냉면, 물만두, 기스면	탕수육, 자장면, 짬뽕
일식	초밥(6개 정도) 생선회, 생선조림, 회덮밥 우동, 메밀국수의 경우에는 단백질 반찬 보충	돈가스, 생선가스, 튀김 우동
양식 외 패스트푸드	햄버거인 경우 콜라 대신 주스로 선택 피자는 두꺼운 팬 피자보다는 얇은 피자로 오므라이스보다는 카레라이스로	스테이크 양식(풀 코스)

③ 선택만 잘해도 열량을 줄일 수 있다!!

유부초밥 vs 김밥 => 유부초밥 2개(500kcal) > 김밥 4개(360kcal)

유부초밥에는 밥만 들어 있고 김밥에는 속이 들어있어 유부초밥의 열량이 낮을 것 같지만 그렇지 않다. 오히려 김밥을 선택하면 140kcal를 줄일 수 있고 다른 영양소도 골고루 들어 있어 더 유리하다. 유부는 두부를 튀긴 식품이라 열량이 많고 밥도 많이 사용된다.

오므라이스 vs 카레라이스 => 오므라이스(680kcal) > 카레라이스(520Kcal)

오므라이스는 채소를 잘게 썰어 기름에 볶아 볶음밥을 만든 후 다시 기름에 부친 달걀지단으로 싼 것이기 때문에 생각보다 기름이 훨씬 많이 들어간다. 카레라이스는 재료가 더 다양하고 오히려 밥 양이 적다. 오므라이스 대신 카레라이스를 선택하면 160kcal를 줄일 수 있다.

얼큰한 순두부 vs 된장찌개 => 순두부찌개(240kcal) > 된장찌개(160kcal)

얼큰한 순두부의 경우 고추기름을 사용하기 때문에 열량이 된장찌개에 비해 많다.

술보다 안주가 더 큰 문제

술의 열량은 알코올에서 나오는 것이지만 알코올은 체내에 저장이 되지 않는다. 술 살의 불편한 진실은 다른 곳에 있다. 술 살의 진짜 주범은 안주다. 알코올은 안주보다 먼저 에너지로 사용되기 때문에 술과 함께 먹은 안주는 고스란히 지방으로 저장될 위험성이 높다. 그러므로 술 살을 빼고 싶다면 안주에 신경을 써야 한다.

우리가 알고 있는 잘못된 안주 상식 중 기름기 있는 안주를 먹으면 위점막을 보호해주어 좋다고 생각하여 일부러 기름진 음식들을 선택해서 먹는다. 하지만 알코올은 물이건 기름이건 모두 녹이는 성질을 가지고 있으므로 알코올 앞에서의 기름은 무용지물이다. 오히려 지방이 많은 안주는 열량이 높아 체중 조절을 방해할 뿐만 아니라 지방간의 원인이 되기도 한다. 따라서 지방은 적고 단백질 성분을 많이 함유한 달걀, 치즈, 두부, 살코기, 생선 등으로 이용하여 기름을 적게 사용한 찜 요리나 채소가 많이 포함된 요리가 좋다. 짜거나 매운 안주, 찌개나 탕류의 안주는 오히려 갈증을 일으켜 과음을 불러오기 때문에 피해야 한다. 식이섬유와 비타민을 많이 함유한 과일이나 채소가 안주로 바람직하다.

술 종류별 다이어트에 좋은 안주

술 종류 별	좋은 안주	나쁜 안주
소주	달걀탕, 달걀찜, 생선회나 구이, 조개탕 또는 조개 구이, 생선회 무침, 보쌈, 수육, 두부류	맵고 짠 탕류, 찌개류, 삽겹살, 탄 고기류
맥주	육포, 닭가슴살샐러드, 삶은 소시지, 과일(토마토, 수박) 마른 안주(밤, 땅콩, 아몬드 등)	마른 오징어, 감미료나 소금이 첨가된 견과류, 감자 칩, 과자류
와인	굴, 수육 종류, 조개류, 치즈, 과일류 등	많은 양의 육류 요리
막걸리	생선회 무침, 두부 요리, 조개탕 또는 구이 등	묵 무침, 기름 사용이 많은 전 요리

유지 관리를 위하여

언제까지 체중 조절을 해야 할까? 유감스럽게도 체중 조절은 끝이 없다. 비만했던 경험이 있거나, 중년 이후의 체중 조절은 평생 습관이 되어야 한다. 특히 혹독한 체중 조절의 끝은 다시 더 혹독한 체중 조절의 시작을 의미한다. 체중이 줄었다 하여 긴장의 끈을 놓으면 또 그때부터 체중은 야금야금 늘어나게 된다. 이런 경우 건강과 삶의 질만 안 좋아질 뿐이다. 따라서 방심하지 말아야 한다. 특히 대사증후군이 있는 경우 건강까지 고려하여 체중을 관리하도록 하자. 체중이 조금 증가하였다 하여 실망하지 말고 다시 이 책을 펼쳐서 처음부터 다시 시작하자.

■1 체중계와 친해지기

건강의 바로미터는 체중이다. 체중은 주로 아침에 배변을 본 후에 얇은 옷을 입은 상태에서 주기적으로 측정하는 것이 좋다. 체중에서 1~2kg 정도의 변화가 있으면 그동안의 식생활 패턴을 살펴보아야 한다. 회식이 있었는지, 간식을 많이 먹었는지, 평소보다 적게 움직였다든지……. 이유는 얼마든지 있다. 정확한 식생활 패턴을 알아보기 위해서는 식사 일기를 쓰자.

■2 식사 일기 쓰기

건강한 식생활을 유지하고 있는지를 파악하고 좋은 식습관으로 습관화하기 위해서는 하루 동안 먹었던 음식의 양과 평소 섭취량을 기록하는 식사 일기를 작성해 확인할 필요가 있다. 식사 일기는 음식을 먹은 후 바로 기록하는 것이 좋다. 일일이 쓰기가 어렵다면 스마트폰을 이용해 매끼 먹는 음식을 사진을 찍어서 확인해도 좋다. 처음에는 7일 정도 매일 작성해보고, 하루 단위로 어느 음식을 많이 먹는지, 어느 시간대에 주로 많이 먹는지, 기분이 어떠한 상태에서 먹는지 등 식사 패턴을 살펴보면서 스스로의 식사에 대한 문제점을 파악하고, 그 문제점을 중심으로 개선해보자.

식사 일기 예시

시간	장소	음식명	섭취량	기타
07:30	식탁	우유	1잔	늦게 일어나서 우유 1잔만 마심
09:00	사무실	믹스커피	1잔	습관적으로 마심
12:30	식당	삼계탕, 믹스커피	1인분 1잔	공복감에 허겁지겁 먹음

3 요요 현상을 극복하자

어느 정도 체중이 감량되면 누구도 피할 수 없는 요요 현상을 겪게 된다. 인체는 지방이 많을수록 생존 가능성이 크다는 진화과정의 경험을 바탕으로 지방의 수위를 유지하려는 강한 본능을 갖고 생존을 위하여 체중이나 체지방을 일정 수준으로 유지하려고 한다. 이를 세트-포인트(set-point)이론이라고 하는데, 개인마다 설정된 '체중조절점'이 있어서 신체의 조절기관인 뇌시상하부에서 식욕뿐만 아니라 체내의 열량대사율을 조절하여 설정된 체중으로 유지하려 한다는 것이다. 일시적으로 굶거나 식사량을 적게 하여 열량 공급이 감소되면 체중은 어느 정도 감소되다가 '체중조절점' 이하로 낮아지게 되면 신체는 이러한 변화에 저항하게 된다. 즉, 감소된 체중을 다시 체중 조절점 이상으로 높이려고 신체는 식욕중추를 자극하여 더 먹게 하거나 기초대사율을 낮추어 열량의 소모를 막아 예전 체중으로 회복시키려고 한다. 바로 이 현상을 '요요'라고 한다. 대부분 요요는 체중 감량 후에 나타나는 부작용으로 볼 수 있다. 따라서 체중 조절에 성공했다면 지속적으로 감소된 체중을 유지하는 것이 중요하다. 당긴 고무줄을 놓으면 원래의 길이로 돌아가는 것처럼 체중이 감소된 후 순간 방심하면 우리 몸은 본능적으로 체중 감량 전의 몸무게로 돌아가게 된다. 특히 단기간 내의 무리한 체중 조절은 대부분 수분과 체내의 근육량의 감소된 결과로 오히려 이는 신체 내 기초대사량을 낮추어 열량밸런스가 깨지면서 요요 현상이 더 쉽고 빠르게 나타나게 된다. 요요 현상을 예방하기 위해서는 원하는 체중 감량 목표에 도달한 다음 식사량을 유지하며 운동량을 증가해 근육량을 키워 기초대사량을 증가시켜야 한다. 기초대사량이 증가되어야 열량의 밸런스가 맞아서 잉여 열량이 지방으로 축적되는 것을 방지할 수 있다. 규칙적인 근력 운동을 통해 근육량을 유지하거나 늘리는 것이 필요하다. 감량한 체중을 뇌가 기억하기 위해서는 즉, 이미 설정되었던 체중 조절점을 바꾸기 위해서는 어느 정도의 시간이 지나야 하므로 식사 조절과 더불어 운동을 하는 습관을 꾸준히 유지하도록 한다. 체중정체기(적응 현상)가 시작되면 지금까지 유지하던 식사량에서 약 100~200kcal 정도 적게 먹거나 활동량을 더욱 증가시키는데, 특히 근육량을 키워 기초대사량을 증가시키는 것이 필요하다. 그러다 보면 스르르 체중이 다시 감소하는 것을 볼 수 있다. 그러나 정체기가 한 달 이상 유지되면 식사 일기를 다시 꼼꼼히 살펴보거나 활동량과 시간 등을 기록하였다가 의사나 임상영양사를 만나 문제점이 무엇인지 살펴보자.

PART 4

대사증후군을 위한
열량 맞춤 레시피

이 장에서는 대사증후군의 예방과 관리에 따른 체중 조절을
위한 식사, 혈당과 혈압 관리를 위한 식사, 중성지방은 낮추
고 불포화지방산을 높일 수 있는 식사를 위한 다양한 레시피
를 소개한다. 특히 바쁜 현대인들이 한 끼를 해결하기에 부담
스럽지 않은 한 그릇 메뉴로 구성해 300kcal, 500kcal의 맞
춤 열량식으로 즐길 수 있다.

대사증후군 맞춤 레시피를 시작하기 전에

이 책의 주요 식재료

앞 장의 의학적, 영양학적 정보를 바탕으로 본격적인 대사증후군의 맞춤형 레시피를 소개하기 전에 본 레시피에 사용된 식재료에 대해 알아보자. 식재료는 체중 조절 뿐 아니라 대사증후군에 도움이 되는 건강 식재료로 구성하였다. 통곡물을 이용하여 양질의 당질을 공급하고, 콩, 등 푸른 생선, 포화지방산이 적은 육류, 달걀 등으로 필수 아미노산을, 견과류 및 식물성 기름으로 필수 지방산을 보충하였으며, 몸에 필요한 비타민, 무기질, 그리고 식이섬유는 다양한 색깔의 채소와 과일을 이용하여 활력과 포만감을 증진시켰다. 이 외에 식사로만 부족할 수 있는 칼슘은 저지방우유 및 플레인요구르트를 사용하였다. 그러나 건강한 식재료라 할지라도 섭취량의 조절이 없으면 의미가 없다. 따라서 제공되는 레시피를 이용할 때에는 제시된 식재료 양을 지키도록 한다.

곡류군 (당질)

| 귀리 | 현미 | 불구르 | 퀴노아 | 오트밀 |

| 통밀가루 | 곤약면 | 호밀빵 | 고구마 | 감자 |

일상에서 주식이나 간식으로 자주 먹는 곡류군 식품에서 도정된 백미나 밀가루 음식은 대사증후군 환자에게는 고주의 음식이다.

　본 레시피는 귀리, 현미, 통밀 등 통곡류 식품이나 고구마, 감자, 곤약 등을 이용하여 다양한 요리를 소개하였다. 이 재료들은 당질 외에도 식이섬유, 아미노산, 비타민, 무기질 함량도 높아 체중 조절은 물론 혈당 조절에도 도움이 된다.

어·육류군(단백질)

닭가슴살   우둔살(소고기)   돼지고기 안심살

소고기, 닭고기, 돼지고기 등 육류는 필수 단백질 식품이지만, 문제는 포화지방산의 함유량이 높다. 그래서 본 레시피에서는 고기 부위 중 지방이 적은 부위를 이용하였다. 지방이 적은 부위의 경우 요리 시 퍽퍽할 수 있는 식감을 보완하기 위해 식물성 기름이나 소스를 이용하여 부드럽게 조리하면 맛있게 먹을 수 있다.

고등어   참치   연어

오메가-3 지방은 대사증후군에 동반되는 심장 질환, 뇌 질환 등에 강력한 개선 효과가 있는 영양소이다. 고등어 등 등푸른생선류는 오메가-3 지방산의 보고이다. 일주일에 2~3회 정도 먹으면, 별도의 오메가-3 건강 식품을 먹을 필요가 없다.

바지락   새우   쭈꾸미   오징어

저지방 고단백 식품류로 철분이나 키토산 함량이 많아 다이어트로 인한 빈혈이나 변비 예방에 도움이 된다. 계절 음식이라 제철에 먹는 것이 영양적으로나 위생적으로나 제일 좋다.

채소 및 과일류 (비타민, 무기질, 섬유소)

| 시금치 | 오이 | 가지 | 파프리카 | 우엉 |

| 버섯 | 아보카도 | 아스파라거스 | 로메인 | 양상추 |

| 당근 | 비트 | 올리브 | 케일 | 토마토 |

자칫 적은 식사량으로 부족할 수 있는 비타민과 무기질 보충에 필수적인 식재료이다. 특히 식이 섬유로 인해 포만감뿐 아니라 영양소의 흡수를 지연시켜 대사증후군에도 도움이 된다. 채소류의 색에 따라 다양한 항산화 성분은 건강에 덤이 된다. 가급적 매일 5색으로 섭취하면 더 좋다.

사과	바나나	자몽	레몬	키위
오렌지	청포도	블루베리	라임	파인애플

비타민류, 무기질류, 식이섬유 등이 풍부하다. 요리 시 과일의 단맛을 이용하면 설탕량을 줄일 수 있다.

문제는 과일은 의외로 당질 함량이 많으므로 양의 조절이 필요하다.

기름 및 견과류(지방)

햄프씨드	호두	캐슈넛
코코넛오일	올리브오일 등 식물성 기름류	

견과류는 혈관과 뇌 건강에 중요한 오메가-3 지방산이 풍부하다. 문제는 지방 함량이 높기때문에 열량도 높다. 대사증후군의 건강한 다이어트를 위해서 자주는 먹되 양의 절제가 필요하다.

우유류(칼슘)

저지방우유   그리스요구르트

우유는 식사로 부족할 수 있는 칼슘 섭취에 필요한 식품이다. 저지방우유는 유지방 함량을 낮춘 우유로 열량은 일반 우유보다 적지만 우유 특유의 고소한 맛을 기대하기 어렵다. 그리스 등 지중해 연안지역에서 전통 방식으로 만든 요구르트로 수분이 제거되어 질감이 단단하고 맛이 진하며 단백질은 높고, 나트륨과 당성분이 절반 이하로 낮다. 정장작용을 도와 다이어트 시 빈번한 변비에 도움이 된다.

기타

카카오닙스

카카오닙스는 초콜릿 원료인 카카오 콩 껍데기를 건조하여 먹기 좋게 부수어 건조한 식품이다. 섭취 시 그대로 먹거나 온수에 우려서 차로 마시거나, 아이스크림이나 빵에 토핑 재료로 이용하면 식이섬유 효과를 볼 수 있다.

이 책의 레시피 구성 방식

이 책에 수록한 레시피는 체중 감량에 필요한 저열량과 건강을 위해 우리 몸에 필요한 영양소의 균형을 맞추고, 바쁜 일상 속에서 쉽게 구할 수 있는 재료로 간단하게 조리하여 먹을 수 있는 메뉴로만 구성하였다. 일주일에 한 번 정도 앞에 제시된 식재료 위주로 장을 보고 1인분 기준으로 전처리해서 냉장고나 냉동고에 보관해 놓았다가 본 메뉴를 참고하여 요리를 만들어 보자. 각 메뉴들은 한 가지 메뉴만으로 해결하는 500kcal 한 끼, 지중해식 식사 500kcal 한 끼, 간단하고 쉬운 조리법으로 즐기는 혼밥 500kcal 한 끼, 가볍게 즐기는 300kcal 한 끼, 출출함을 달래줄 고영양 저열량 간식 등으로 구성하였다. 열량과 영양 걱정 없이, 상황에 따라 적절한 메뉴를 선택하여 먹다 보면 복부 비만은 물론 건강도 회복될 수 있다. 거기에 만들어 먹는 재미는 덤이다.

계량하기 쉬운 양념 목측량

본 책의 레시피는 양이 중요하다. 특히 양념류는 숨어 있는 열량이다. 따라서 정확한 양으로 계량하여 사용하여야 한다. 쉽게 양념류를 목측할 수 있도록 사진으로 제시하였다.

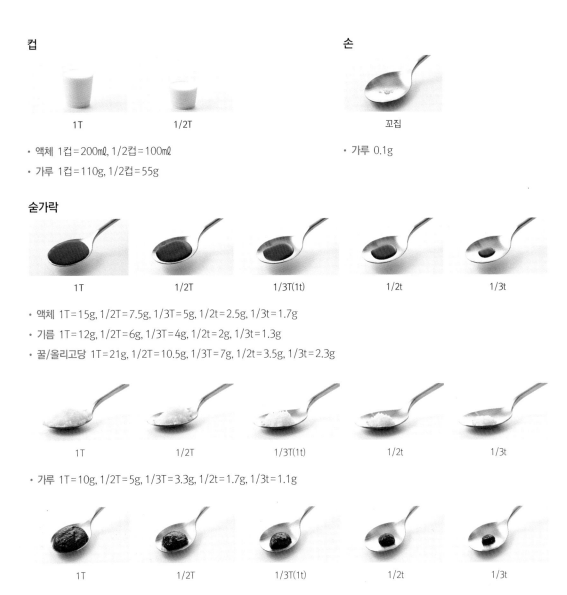

컵

1T   1/2T

· 액체 1컵=200㎖, 1/2컵=100㎖
· 가루 1컵=110g, 1/2컵=55g

손

꼬집

· 가루 0.1g

숟가락

1T   1/2T   1/3T(1t)   1/2t   1/3t

· 액체 1T=15g, 1/2T=7.5g, 1/3T=5g, 1/2t=2.5g, 1/3t=1.7g
· 기름 1T=12g, 1/2T=6g, 1/3T=4g, 1/2t=2g, 1/3t=1.3g
· 꿀/올리고당 1T=21g, 1/2T=10.5g, 1/3T=7g, 1/2t=3.5g, 1/3t=2.3g

1T   1/2T   1/3T(1t)   1/2t   1/3t

· 가루 1T=10g, 1/2T=5g, 1/3T=3.3g, 1/2t=1.7g, 1/3t=1.1g

1T   1/2T   1/3T(1t)   1/2t   1/3t

· 장류 1T=18g, 1/2T=9g, 1/3T= 6g, 1/2t=3g, 1/3t=2g

일품 한 끼

500
kcal

구운버섯비빔밥

쉽게 구할 수 있는 여러 종류의 버섯을 기름을 넣지 않고 자체
수분으로 구워 열량도 낮고 다양한 버섯의 맛을 즐길 수 있는 메뉴이다.
식이섬유가 풍부한 버섯, 상추, 현미밥의 삼박자가 잘 맞아
열량 걱정 없는 배부른 한 끼를 책임진다.

열량kcal	탄수화물g	단백질g	지방g
476	74	21	13

📇 **Ready**

현미밥 180g, 청상추 15g, 적양파 10g, 만가닥버섯 30g, 표고버섯 30g, 새송이버섯 30g, 팽이버섯 30g, 달걀 50g, 들기름 3g

양파 듬뿍 양념장: 소고기다짐육(우둔) 20g, 고추장 20g, 고운 고춧가루 5g, 다진 마늘 5g, 양파 30g, 볶음참깨 2g, 식용유 3g, 물 20g

🍲 **How to make**

1 상추와 적양파는 0.5cm 두께로 채 썰고 양파는 0.5x0.5cm 크기로 다진다.

2 새송이버섯, 표고버섯은 0.5cm 두께로 자르고 팽이버섯, 만가닥 버섯은 밑동을 자른다.

3 준비한 버섯은 달군 팬에 기름 없이 굽는다.

4 팬에 식용유를 두르고 소고기를 볶고 양파, 다진 마늘, 고추장, 고운 고춧가루, 볶음참깨, 물을 넣고 볶아준다.

5 팬에 들기름을 두르고 달걀은 반숙으로 프라이한다.

6 그릇에 밥을 담고 상추, 적양파, 구운 버섯을 올리고 반숙 프라이와 양념장을 곁들인다.

주꾸미비빔소바

면의 양을 줄여 당질 섭취량을 줄이고, 단백질 식품인 주꾸미와
섬유질이 풍부한 오이를 충분히 넣어 영양균형을 맞춘 소바 메뉴이다.
아삭한 오이와 쫄깃한 주꾸미의 식감이 담백한 메밀면에 잘 어울린다.

열량kcal	탄수화물g	단백질g	지방g
483	74	23	12

📋 Ready

메밀면(생면) 90g, 주꾸미 120g, 오이 50g, 베이비채소 10g, 식용유 5g, 참기름 3g

쯔유소스: 쯔유 15g, 식초 15g, 설탕 15g, 와사비(생) 5g, 다진 마늘 5g

🍶 How to make

1 오이는 0.5cm 두께로 채 썬다.

2 주꾸미는 키친타월로 물기를 제거하고 식용유를 두른 팬에 볶는다.

3 준비한 쯔유, 간장, 식초, 설탕, 와사비(생), 다진 마늘을 섞어 쯔유소스를 만든다.

4 끓는 물에 메밀면을 삶은 후 체에 밭쳐 물기를 빼고 쯔유소스에 무친다.

5 그릇에 메밀면을 담고 베이비채소, 오이, 주꾸미를 올리고 참기름을 뿌린다.

중화풍해물순두부덮밥

순두부의 식물성 단백질과 해물의 동물성 단백질이 적절하게 조화된 메뉴이다.
통곡류인 현미밥에 순두부를 듬뿍 더하니 열량은 낮고 포만감은 높은 한 끼 식사가 된다.

열량kcal	탄수화물g	단백질g	지방g
487	77	20	12

🍽 **Ready**

현미밥 180g, 해물모둠 80g, 순두부 120g, 표고버섯 25g, 죽순(캔) 35g, 청경채 15g, 양파 15g, 청피망 10g, 홍피망 10g, 굴소스 10g, 간장 5g, 볶음참깨 1g, 다진 마늘 5g, 대파 5g, 전분 5g, 물 50㎖, 참기름 2g, 식용유 3g, 소금 한 꼬집, 후춧가루 약간

🍲 **How to make**

1 청경채는 밑동을 자르고, 표고버섯, 양파, 청피망, 홍피망은 3x3cm 크기, 대파는 0.2cm 두께로 송송 썬다.

2 해물 모둠과 죽순(캔)은 체에 받쳐 물기를 뺀다.

3 전분과 물을 섞어 전분물을 만든다.

4 달군 팬에 식용유를 두르고 대파, 다진 마늘, 간장을 볶아 향을 낸다.

5 해물과 준비한 채소를 넣고 센 불에 볶다 굴소스, 소금, 후춧가루로 간한다.

6 전분물을 넣고 걸죽해지면 순두부와 참기름을 넣어 덮밥소스를 만든다.

7 그릇에 현미밥과 덮밥소스를 담고 볶음참깨를 뿌린다.

닭고기완자탕면

기름기가 적은 닭가슴살로 부드러운 수제완자를 만들었다.
반죽할 때 달걀을 넣어 쫄깃하면서 부드러운 에그누들을 사용하여 면의 풍미가 좋고,
포만감이 소면보다 높다.

🍴 Ready

에그누들 90g, 대파 20g, 배추 30g, 청경채 10g, 치킨스톡 10g, 식용유 5g, 참기름 5g, 소금 한 꼬집, 후춧가루 약간, 물 600㎖

완자 재료: 달걀 15g, 닭가슴살 40g, 전분 10g, 부추 10g, 소금 한 꼬집, 후춧가루 약간

🍲 How to make

1 부추와 대파는 0.5cm 두께로 송송 썰고, 배추, 청경채는 2cm 두께로 어슷썰고, 닭 가슴살을 곱게 다진다.

2 볼에 준비한 완자 재료를 넣고 반죽한다.

3 끓는 물에 에그누들을 삶고 체에 밭쳐 물 기를 제거한다.

TIP 기름에 튀긴 에그누들은 끓는 물에 한 번 데 치면 열량을 낮출 수 있다.

4 냄비에 식용유를 두르고 배추, 대파를 센 불에 볶다가 물, 치킨스톡을 넣고 끓인 다 음, 소금으로 간하여 육수를 만든다.

5 완자 반죽을 숟가락으로 떠 넣어 익힌다.

6 완자가 동동 뜨면 에그누들과 참기름을 넣 고 마무리 한다.

두부소스라자냐

고기가 부담스러울 때 추천하는 메뉴!
고기 대신 두부를 넣으면 양을 늘릴 수 있어 포만감을 충족시킬 수 있다.
두부와 여러 가지 채소를 넣게 되면 맛도 담백하고 양은 많아져
다이어트로 인해 헛헛했던 마음까지 채워주는 라자냐이다.

열량kcal	탄수화물g	단백질g	지방g
496	75	23	12

📋 Ready

라자냐 40g, 두부 60g, 단호박 40g, 주키니호박 80g, 가지 60g, 토마토 50g, 올리브오일 5g, 모차렐라치즈 25g, 토마토소스(시판용) 100g, 파슬리가루 약간

🍲 How to make

1 가지와 주키니호박, 단호박은 모양을 살려 0.3cm 두께로 썰고, 토마토는 0.5cm 두께로 썬다.

2 두부는 키친타월에 싸서 물기를 제거한 후 토마토소스와 섞는다.

3 라자냐는 끓는 물에 8~9분 정도 삶는다.

TIP 라자냐의 두께 혹은 기호에 따라 삶는 정도를 가감한다.

4 내열용기에 가지→소스→주키니호박→소스→단호박→소스→토마토→소스→라자냐 순으로 쌓고 모차렐라치즈, 파슬리가루, 올리브오일을 뿌린다.

5 뚜껑을 덮고 전자레인지에 10분간 가열한다.

TIP 오븐 조리 시 190℃로 예열한 후 7분간 굽는다.

소고기소보로덮밥

포화지방산이 두려워 다이어트 시 섭취를 망설이게 되는 고기의 경우
지방이 거의 없는 우둔살이면 문제없다.
지방이 없어 퍽퍽한 것이 걱정된다면 다진 후 불고기 양념에 재웠다가
재빨리 볶아내면 퍽퍽함을 줄일 수 있다.
단조로울 수 있는 다이어트 식단에 다양한 색감과 식감을 즐길 수 있는 요리이다.

열량kcal	탄수화물g	단백질g	지방g
491	75	22	12

🍴 Ready

현미밥 210g, 소고기 다짐육(우둔) 40g, 달걀 50g, 오이 50g, 토마토 100g, 불고기 양념(시판) 5g, 미소된장 5g, 마요네즈 5g, 미림 5g, 식용유 5g, 설탕 두 꼬집, 소금 한 꼬집, 후춧가루 약간

TIP 불고기 양념은 간장 5g, 설탕 5g, 다진 마늘 2g, 다진 파 2g, 참기름 1g, 볶음참깨 약간, 후춧가루 약간 비율로 섞어 만든 후 필요한 양만큼 덜어 사용한다.

🍲 How to make

1 소고기는 키친타월에 핏물을 제거한 후 불고기 양념으로 밑간한다.

2 오이와 토마토는 0.5x0.5cm 크기로 썬다.

3 미소된장, 마요네즈를 섞어 덮밥소스를 만든다.

4 볼에 달걀, 미림, 소금, 설탕, 후춧가루 넣어 잘 섞어주고, 식용유 3g을 두른 팬에 스크램블드 에그를 만든다.

5 팬에 식용유 2g을 두르고 소고기를 바싹 볶는다.

6 그릇에 현미밥을 담고 소고기, 오이, 토마토, 스크램블드 에그를 올리고 덮밥소스를 곁들인다.

소고기숙주팟타이

식이섬유가 많고 국수와 모양이 유사한 숙주를 듬뿍 넣어 탄수화물인 쌀국수를 줄여 열량은 낮추고 포만감은 높인 메뉴이다. 외식 메뉴가 그리울 때 간단하게 태국 요리를 맛볼 수 있다.

⏰ 조리시간 35분 | 난이도 ★★☆

🧰 Ready

쌀국수 90g, 소고기채(우둔) 40g, 땅콩가루 3g, 숙주 120g, 대파 20g, 고수 5g, 다진 마늘 5g, 미림 5g, 식용유 5g, 후춧가루 약간, 크러시드 페퍼(건고추) 약간

팟타이소스: 땅콩버터 5g, 피시소스 10g, 굴소스 7g

🍲 How to make

1 쌀국수는 찬물에 1시간 이상 불린다.

2 소고기는 키친타월에 싸서 핏물을 제거하고 미림, 후춧가루로 밑간한다.

3 대파는 반 가른 후 5cm 길이로 썬다.

4 달군 팬에 식용유를 두르고 약한 불에서 다진 마늘과 대파를 넣고 향을 낸다.

5 소고기를 넣고 센 불에 볶다 불린 쌀국수와 팟타이소스를 넣고 골고루 섞는다.

6 쌀국수가 익으면 숙주를 넣고 센 불에서 빠르게 볶는다.

7 그릇에 담고 크러시드 페퍼와 땅콩가루, 고수를 얹는다.

가자미스팀구이

종이호일을 이용하여 기름없이 구운 생선구이 요리로 열량 걱정이 없다.
비린내가 적고 담백한 흰 살 생선 가자미에
아스파라거스, 감자를 구워 곁들이니 고급 레스토랑 메뉴가 부럽지 않다.

열량kcal	탄수화물g	단백질g	지방g
475	74	26	12

Ready

감자 140g, 가자미 100g, 올리브오일 10g, 현미밥 140g, 아스파라거스 30g, 방울토마토 80g, 레몬 30g, 타임 2g, 소금 약간, 후춧가루 약간

How to make

1 레몬과 감자는 웨지 모양으로 자르고, 아스파라거스는 5cm 길이로 어슷썬다.

2 가자미는 비늘을 제거하고 칼집을 넣는다.

3 오븐 용기에 종이호일을 깔고 그 위에 감자, 가자미, 아스파라거스, 레몬, 방울토마토, 타임을 올린 후 올리브오일, 소금, 후춧가루를 뿌린다.

4 용기 위에 종이호일 한 장을 덮어 수분이 빠져나가지 않도록 가장자리를 접어 막은 후 170℃로 예열한 오븐에서 15분간 익혀 완성되면 현미밥을 곁들인다.

TIP 오븐이 없다면 달군 팬에서 약한 불로 20분간 익힌다.

그린리소토

통곡류인 현미밥과 엽산과 철분이 풍부한 시금치를 이용한 요리이다.
저지방우유를 사용하여 포화지방의 사용을 줄였으며
버섯, 시금치, 감자를 충분히 넣어 밥 양은 적지만 포만감이 오래 지속되는 든든한 한 끼이다.

열량kcal	탄수화물g	단백질g	지방g
476	71	21	12

📋 Ready

현미밥 100g, 감자 120g, 파메르산 치즈 가루 10g, 올리브오일 5g, 베이컨 7g, 저지방우유 200
㎖, 시금치 70g, 양송이버섯 50g, 느타리버섯 50g, 양파 50g, 소금 1g, 후춧가루 약간

🍲 How to make

1 감자와 양파는 0.5x0.5cm 크기로 다지
고, 느타리버섯은 잘게 찢고, 양송이버섯
과 베이컨은 0.5cm 두께로 슬라이스한다.

2 믹서에 우유, 시금치, 소금을 넣고 곱게
간다.

3 팬에 올리브오일을 두르고 1의 재료를 넣
어 볶는다.

4 냄비에 2와 현미밥을 넣고 한소끔 끓으면
3을 넣고 좀 더 끓인다.

5 접시에 담고 파메르산 치즈 가루와 후춧가
루를 뿌린다.

매운돼지고기덮밥

지방이 적고 쫄깃한 식감의 돼지고기 뒷다리살과
아삭하고 부드러운 영양부추를 매콤하게 볶아 맛을 낸 고기볶음을
고단백 퀴노아밥과 함께 먹어 다이어트할 때 단백질 보충에 도움이 되는 요리이다.

⏱ 조리시간 30분 | 난이도 ★★☆

🔪 **Ready**

퀴노아밥 180g, 돼지고기채(뒷다리살) 50g, 식용유 3g, 양파 50g, 대파 5g, 다진 마늘 5g, 다진 생강 약간, 청양고추 10g, 홍고추 5g, 영양부추 20g, 두반장 10g, 굴소스 5g, 미림 5g, 설탕 5g, 후춧가루 약간

🍲 **How to make**

1 돼지고기는 키친타월에 싸서 핏물을 제거하고 미림, 후춧가루로 밑간한다.

2 영양부추는 3cm 길이로 자르고, 대파, 청양고추, 홍고추는 0.1cm 두께로 송송 썰고, 양파는 0.5cm 두께로 채 썬다.

3 달군 팬에 식용유를 두르고 대파, 다진 마늘, 다진 생강을 넣고 향을 낸다.

4 양파, 청양고추, 돼지고기를 센 불에 볶다가 굴소스, 두반장으로 간한다.

5 그릇에 퀴노아밥을 올리고 돼지고기볶음과 영양부추를 곁들인다.

오리월남쌈

단백질과 불포화지방산이 풍부한 훈제오리와 상큼한 파인애플, 파프리카, 묵은지를
포두부와 라이스페이퍼에 싸서 이색적으로 즐기는 메뉴이다.
오리는 불포화지방산이 많아 다이어트 시 푸석해질 수 있는 피부보호에 도움이 되고,
고단백의 포두부를 추가하여 단백질 균형을 맞추었다.

열량kcal	탄수화물g	단백질g	지방g
500	74	12	23

🧰 Ready

포두부 30g, 라이스페이퍼 15g, 훈제오리 50g, 버미셀리(얇은 쌀국수) 25g, 묵은지 50g, 방울토마토 40g, 노랑 파프리카 20g, 주황 파프리카 20g, 영양부추 20g, 파인애플 70g, 스위트칠리소스 15g, 머스타드소스 15g

🍲 How to make

1 버미셀리는 찬물에 1시간 정도 불려 끓는 물에 살짝 데치고 찬물에 헹궈 물기를 제거한다.

2 파프리카, 물에 씻은 묵은지는 0.5cm 두께로 채 썰고, 영양부추는 4cm 길이로 자른다.

3 방울토마토는 4등분하고 파인애플도 비슷한 크기로 자른다.

4 훈제오리는 팬에 굽는다.

5 라이스페이퍼는 먹기 전에 뜨거운 물에 5초 정도 담갔다 꺼낸다. 라이스페이퍼와 포두부에 함께 갖가지 재료를 싸 준비한 스위트칠리소스와 머스타드소스를 곁들인다.

카프레제냉파스타

식이섬유가 풍부한 통밀파스타와 토마토에 치즈를 넣어 단백질을 보충하였다.
방울토마토를 넣어 샐러드 같은 상큼한 파스타이다.

열량kcal	탄수화물g	단백질g	지방g
493	74	20	13

📋 Ready

통밀쇼트파스타 65g, 모차렐라치즈 60g, 방울토마토 100g, 바질(생) 3g, 블랙올리브(슬라이스) 20g

파스타소스: 발사믹식초 25g, 다진 마늘 5g, 꿀 2g, 소금 1g, 올리브오일 5g

🍲 How to make

1 모차렐라치즈는 1.5x1.5cm 크기로 썰고 방울토마토는 2등분 한다.

2 발사믹식초, 꿀, 소금, 다진 마늘, 올리브 오일을 섞어 파스타소스를 만든다.

3 파스타를 끓는 물에서 12분 정도 삶고 찬 물에 씻어 물기를 뺀다.

TIP 냉파스타는 재가열 과정이 없으므로 파스타 를 충분히 삶는다.

4 그릇에 파스타, 모차렐라치즈, 방울토마 토, 블랙올리브, 바질을 올려 섞고 파스타 소스를 넣고 버무린다.

뿌리채소전복영양밥

섬유질이 많아 포만감을 높여 다이어트에 도움이 되고,
각각의 깊은 향을 갖고 있어 향미가 좋은 뿌리채소를 넣은 영양밥이다.
지방함량이 적고 각종 무기질이 풍부한 전복을 넣어 다이어트에 지친 몸에 기운을 북돋게 한다.

열량kcal	탄수화물g	단백질g	지방g
508	77	22	12

📋 **Ready**

흰쌀 60g, 전복 50g, 녹차잎 3g, 마 30g, 연근 30g, 당근 20g, 단호박 40g, 물 60㎖

달래 양념장: 달래 10g, 간장 10g, 설탕 5g, 고춧가루 3g, 다진 마늘 3g, 참기름 5g

🍲 **How to make**

1 쌀은 물에 1시간 불린다.

2 전복은 솔로 깨끗이 세척하고 껍질과 내장을 제거하여 0.5cm 두께로 슬라이스 한다.

TIP 전복을 씻을 때는 솔, 수저, 수세미, 행주, 전복 껍질 등으로 비벼서 전복의 뽀얀 살이 보이도록 깨끗이 세척한다.

3 마, 연근, 당근, 단호박은 1x1cm 크기로 썬다.

4 냄비에 준비한 영양밥 재료와 녹차잎, 물을 넣고 센 불에서 끓이다 밥 냄새가 나면 약한 불로 줄여 15분 정도 끓인 후 불을 끄고 뚜껑을 덮고 5분간 뜸을 들인다.

5 달래는 송송 썰고 양념장 재료를 모두 섞어 양념장을 만들어 영양밥에 곁들인다.

황태곤약비빔국수

흰밀가루 국수 대신 통밀국수와 곤약면을 사용하여 같은 양이어도 포만감이 더 높고,
소화 속도도 느려 배고픔을 덜 느낄 수 있다.
고단백 저지방 식재료인 황태를 불려 새콤하게 무쳐 곁들이면 자극적인 회냉면이 먹고 싶을 때 대신 즐길 수 있다.

열량kcal	탄수화물g	단백질g	지방g
501	76	22	12

📋 Ready

통밀국수 65g, 황태채 8g, 곤약면 50g, 삶은 달걀 50g, 참기름 7g, 양파 10g, 깻잎 5g, 오이 20g

양념장 재료: 배 40g, 다진 마늘 5g, 고추장 10g, 사과식초 15g, 고춧가루 5g, 설탕 5g, 간장 5g

🍲 How to make

1 깻잎, 오이, 양파는 0.5cm 두께로 채 썰고, 양파는 물에 담궈 매운맛을 뺀다.

2 믹서에 배, 다진 마늘, 고추장, 사과식초, 고춧가루, 설탕, 간장을 넣고 갈아 양념장을 만든다.

3 황태채는 물에 씻어 3cm 길이로 자른 후 물기를 꼭 짜서 양념장 1큰술을 넣고 버무린다.

4 국수는 끓는 물에 삶아 체에 밭쳐 물기를 뺀다.

5 국수와 곤약면을 섞어 그릇에 담고 황태 고명, 삶은 달걀, 채소를 얹고 참기름과 남은 양념장을 얹는다.

퀴노아스테이크

지방이 적은 우둔살과 퀴노아만으로는 퍽퍽할 수 있지만
으깬 감자를 충분히 넣고, 갖은 채소를 다져 넣어 부드러운 스테이크가 되었다.
단백질이 풍부하여 포만감이 오래 유지되어 한 끼로 든든하다.

열량kcal	탄수화물g	단백질g	지방g
487	72	22	13

🧇 Ready

퀴노아 40g, 감자 130g, 소고기 다짐육(우둔) 40g, 달걀 30g, 양파 30g, 토마토 50g, 이탈리안 파슬리 10g, 빵가루 15g, 스테이크소스 25g, 식용유 7g, 베이비채소 20g, 소금 2g, 후춧가루 약간

🍲 How to make

1 퀴노아는 끓는 물에 15분간 삶아 체에 밭쳐 물기를 뺀다.

2 감자는 푹 삶아 으깨고 소금, 후춧가루로 간한다.

3 양파, 토마토, 이탈리안 파슬리는 0.5x0.5cm 크기로 다지고, 소고기는 키친타월에 싸서 핏물을 제거한다.

4 삶은 퀴노아, 소고기, 양파, 토마토, 달걀, 이탈리안 파슬리, 빵가루, 소금, 후춧가루를 넣고 반죽한 후 동글납작하게 만든다.

5 달군 팬에 식용유를 두르고 퀴노아스테이크를 굽는다. 굽기가 완성되면 베이비채소와 스테이크소스를 곁들여 낸다.

등심아몬드밀크파스타

크림파스타에 주로 사용되는 고지방의 생크림 대신 아몬드에서 추출한 아몬드밀크를 이용하여
만든 크림소스 파스타이다. 버섯, 브로콜리를 넣고, 여러 가지 구운 채소를 곁들여
고소한 맛은 유지하고 열량은 낮춘 건강 파스타이다.

열량kcal	탄수화물g	단백질g	지방g
477	68	22	13

📋 **Ready**

페투치니 60g, 소고기(등심) 30g, 슬라이스치즈 10g, 양송이버섯 50g, 브로콜리 50g, 버터 5g, 아몬드밀크 190g, 치킨스톡 3g, 밀가루 5g, 올리브오일 3g, 크러시드 페퍼(건고추) 약간, 소금 한 꼬집, 후춧가루 약간

채소구이: 양파 70g, 미니 파프리카(노랑/빨강) 70g, 올리브오일 2g, 소금 한 꼬집

🏠 **How to make**

1 소고기는 키친타월에 싸서 핏물을 제거한 후 2x2cm 크기로 썰어 소금, 후춧가루로 밑간한다.

2 양송이버섯은 4등분하고, 브로콜리, 양파 는 3x3cm 크기로 자르고 미니 파프리카 는 2등분 한다.

3 달군 팬에 올리브오일을 두르고 소고기와 양 송이버섯, 브로콜리를 넣고 센불에 볶는다.

4 끓는 물에 페투치니를 삶아 꺼내어 식힌다.

5 달군 팬에 버터를 녹이고 약한 불에서 밀 가루를 골고루 저어가며 갈색이 나도록 볶 는다. 아몬드밀크, 치킨스톡, 슬라이스치 즈, 소금, 후춧가루를 넣고 소스를 만든다.

6 5에 3과 페투치니를 넣고 볶는다.

7 6을 접시에 담고 크러시드 페퍼를 뿌린다.

8 달군 팬에 올리브오일을 두른 후 채소구이 용으로 준비한 양파와 미니 파프리카를 구 워 함께 곁들인다.

토마토홍합찜

토마토, 올리브오일, 홍합 3가지 조합에 마늘향을 더하여 감칠맛을 낸 찜 요리이다.
호밀빵으로 탄수화물을, 홍합과 쭈꾸미로 단백질을 보충할 수 있다.
토마토는 오일에 익히면 라이코펜과 지용성 비타민의 흡수율이 높아지니 영양가 좋은 한 끼이다.

⏱ 조리시간 25분 | 난이도 ★★☆

🖌 Ready

호밀빵 80g, 홍합 150g, 주꾸미 50g, 올리브오일 10g, 마늘 30g, 방울토마토 200g, 양파 30g, 이탈리안 파슬리 10g, 해물스톡 5g, 화이트와인 20g, 건고추 2개, 파프리카 파우더 한 꼬집, 소금 한 꼬집, 후춧가루 약간

🍲 How to make

1 홍합과 주꾸미는 세척하여 체에 밭쳐 물기를 제거한다.

2 양파는 3x3cm 크기, 마늘은 0.5cm 두께, 이탈리안 파슬리는 3cm 길이로 썬다.

3 달군 냄비에 올리브오일을 두르고 약한 불에서 마늘과 건고추를 볶는다.

4 3에 홍합, 주꾸미, 양파, 화이트와인을 넣고 센 불에 볶아 비린내를 날린다.

5 홍합이 벌어지면 방울토마토와 이탈리안 파슬리, 해물스톡, 파프리카 파우더, 소금, 후춧가루를 넣고 빨리 볶는다.

6 호밀빵을 곁들인다.

우엉잡채덮밥

우엉은 식이섬유가 풍부하고, 함유된 이눌린 성분은 이뇨작용에 도움을 주는 식재료이다.
우엉을 많이 넣고 당면의 양은 줄여 열량을 줄였으며,
우엉의 씹는 맛으로 다이어트 스트레스를 한 방에 날릴 수 있다.

📋 Ready

현미밥 140g, 돼지고기채(등심) 60g, 우엉 60g, 양파 20g, 홍피망 5g, 청피망 5g, 식용유 5g, 중화당면 10g, 볶음참깨 1g, 불고기 양념(시판) 25g, 참기름 5g

TIP 불고기 양념은 간장 5g, 설탕 5g, 다진 마늘 2g, 다진 파 2g, 참기름 1g, 볶음참깨 약간, 후춧가루 약간의 비율로 섞어 만든 후 필요한 양만큼 덜어 사용한다.

🍲 How to make

1 중화당면은 따뜻한 물에 30분 이상 불린다.

2 돼지고기는 키친타월에 핏물을 제거하고 불고기 양념 5g을 넣고 양념한다.

3 우엉, 양파, 홍피망, 청피망은 0.5x5cm 두께로 채 썬다.

4 달군 팬에 식용유를 두르고 돼지고기를 센 불에 볶다가 양파, 우엉, 당면을 넣고 볶은 후 불고기 양념 20g으로 간한다.

5 마지막에 홍피망, 청피망을 넣어 볶은 후 참기름을 두른다.

6 그릇에 현미밥을 담고 우엉잡채를 얹은 후 볶음참깨를 뿌린다.

포두부오므라이스

기름을 줄여 열량을 낮춘 볶음밥에 쫄깃한 포두부로 감싼 오므라이스이다.
달걀, 포두부, 렌틸콩, 강낭콩으로 동/식물성 단백질이 충분히 보충되어 포만감이 높다.

열량kcal	탄수화물g	단백질g	지방g
485	73	22	13

Ready

포두부 50g, 렌틸콩밥 150g, 달걀 60g, 미나리 10g, 양파 20g, 강낭콩(캔) 20g, 당근 10g, 식용유 5g, 돈가스소스 50g, 소금 2g, 후춧가루 약간

How to make

1 양파, 당근, 미나리는 0.5x0.5cm 크기로 썬다.

2 달걀을 풀어 식용유를 두른 팬에 붓고 약한 불에서 볶아 스크램블드 에그를 만든다.

3 팬에 식용유를 두르고 양파, 당근, 렌틸콩밥, 미나리, 강낭콩, 스크램블드 에그를 넣고 볶은 후 소금, 후춧가루로 간한다.

4 포두부는 끓는 물에 살짝 데친다.

5 그릇에 볶음밥을 담고 포두부를 얹은 후 돈가스소스를 곁들여 낸다.

TIP 돈가스소스는 열량이 높아질 수 있으니 정량만 사용하는 것이 좋다.

콩나물겨자채국수

국수 양을 줄여 당질의 양을 줄이고, 콩나물 양을 늘려 포만감은 높였다.
단백질이 풍부한 닭가슴살을 곱게 찢어 새콤달콤매콤한 겨자소스를 뿌려주니 맛과 영양을 만족할 수 있는 요리이다.
특히 찜용 콩나물을 사용하여 아삭함을 한층 높인 것이 포인트!

열량kcal	탄수화물g	단백질g	지방g
496	76	21	13

📋 Ready

귀리국수 90g, 닭가슴살(캔) 40g, 콩나물(찜용) 50g, 양파 10g, 파프리카(2색) 20g, 오이 20g, 베이비채소 10g

양념장: 씨겨자 8g, 다진 마늘 5g, 사과식초 15g, 올리고당 15g, 땅콩버터 8g, 참기름 5g, 소금 한꼬집

🍲 How to make

1 닭가슴살은 체에 밭쳐 물기를 제거한다.

2 콩나물은 살짝 데친 후 찬물에 씻어 체에 밭친다.

3 양파, 파프리카, 오이는 0.3cm 두께로 채 썬다.

4 씨겨자, 다진 마늘, 사과식초, 소금, 올리고당, 땅콩버터, 참기름을 섞어 양념장을 만든다.

5 끓는 물에 국수를 삶아 찬물에 헹군 후 체에 밭쳐 물기를 빼준다.

6 채소와 삶은 국수를 양념장에 무쳐 그릇에 담고 닭가슴살과 베이비채소는 고명으로 얹어 완성한다.

헬시모둠초밥

고칼로리 식품인 초밥의 열량을 낮추었다.
식이섬유가 많은 현미밥에 비타민이 풍부한 채소를 올려 초밥을 만들고,
고단백 식품인 연어장과 닭가슴살을 올려 만드는 건강한 초밥이다.

열량kcal	탄수화물g	단백질g	지방g
484	75	22	12

📋 Ready

현미밥 210g, 가지 10g, 애호박 15g, 새송이버섯 15g, 오이 50g, 연어장 40g, 닭가슴살(캔) 50g, 김 1/2장, 마요네즈 3g, 씨겨자 3g, 와사비(생) 5g, 초대리(초밥용 배합초) 10g, 식용유 5g, 소금 한 꼬집

TIP 초대리는 식초 6g, 설탕 3g, 소금 0.5g을 섞어 만든다.

🍲 How to make

1 가지, 애호박, 새송이버섯은 0.7cm 두께로 어슷썬다.

2 오이는 필러를 이용해 길이대로 얇게 슬라이스하고 김은 1cm 폭으로 자른다.

3 닭가슴살(캔)은 체에 밭쳐 물기를 제거하고 마요네즈, 씨겨자를 넣고 섞는다.

4 1의 손질한 채소는 식용유를 두른 팬에 살짝 굽는다.

5 따뜻한 현미밥에 초대리를 넣어 양념하고 한입 크기로 만든다.

6 5의 한입 크기의 밥에 와사비(생)를 조금 얹는다.

7 6의 밥 위에 애호박, 새송이버섯, 가지를 각각 올린 후 2의 김을 띠로 둘러 완성하고, 2의 오이는 밥에 두른 뒤 그 위에 각각 닭가슴살과 연어장을 올려 완성한다.

누들두부소바마끼

누들두부와 메밀면을 다채롭게 즐길 수 있는 메뉴이다.

흰쌀밥 대신 메밀로 당질을 섭취하고 누들두부로 단백질을 섭취할 수 있다.

아보카도를 넣어 맛의 풍미를 더하였고, 비타민과 무기질이 풍부하여 포만감을 오래 지속시켜준다.

🧂 **Ready**

누들두부 80g, 메밀면(생면) 80g, 김밥김 2장, 크래미 50g, 참기름 2g, 무순 10g, 빨강 파프리카 10g, 노랑 파프리카 10g, 아보카도 25g

와사비장: 와사비(생) 3g, 간장 10g, 식초 10g, 설탕 10g

🍲 **How to make**

1 크래미는 결을 살려 찢는다.

2 메밀면은 끓는 물에 삶고, 누들두부는 살짝 데쳐 참기름으로 양념한다.

3 아보카도는 가늘게 슬라이스하고, 빨강 파프리카와 노랑 파프리카는 0.5cm 두께로 채 썰고, 김은 4등분한다.

4 김 위에 메밀면 또는 누들두부, 파프리카, 무순, 크래미, 아보카도를 넣고 말아준다.

5 준비한 분량의 와사비장 재료를 섞어 와사비장을 만들어 곁들인다.

곤약쌀우엉영양밥

곤약은 쌀에 비해 열량이 적어 다이어트 시 저열량 식품으로 많이 사용되는 재료이다.
곤약쌀의 열량은 쌀의 3%로 쌀과 동량으로 하여 밥을 지으면 포만감은 높이고
열량을 줄일 수 있다. 여기에 소고기로 단백질을 더하고 잡곡류와 우엉 등 식이섬유를 더하면
포만감 높고 다이어트 시 걱정되는 변비예방에 좋은 요리이다.

열량kcal	탄수화물g	단백질g	지방g
463	70	21	11

🍱 **Ready**

혼합잡곡 75g, 곤약쌀 75g, 소고기채(우둔) 60g, 김밥우엉조림 50g, 표고버섯 30g, 참기름 5g, 소금 한 꼬집, 후춧가루 약간

🍲 **How to make**

1 혼합잡곡을 씻어 1시간 정도 물에 불린다.

2 표고버섯은 0.5cm 두께로 채 썰고, 김밥 우엉조림은 5cm로 자른다.

3 소고기는 소금, 후춧가루로 밑간한다.

4 냄비에 혼합잡곡, 곤약쌀을 섞어 담고 표고채, 소고기, 우엉조림을 올린 후 뚜껑을 덮고 센 불 10분, 약한 불에 15분 끓인다.

TIP 곤약쌀과 채소에 수분이 있어 밥물은 쌀의 3/4배로 잡는다.

5 참기름을 뿌려 밥을 잘 섞고 뚜껑을 덮고 5분 정도 뜸 들인다.

구운가지칠리라구라이스  | 지중해식

지중해식 식사는 식이섬유가 풍부한 정제하지 않은 전곡류와 올리브오일과 같은 식물성 지방으로 구성된다.
포화지방이 적은 우둔살에 다양한 채소를 듬뿍 넣어 올리브오일에 볶아 만든 라구소스와
항산화 작용이 풍부한 가지를 통째로 구워 가지 본연의 맛도 함께 즐길 수 있는 지중해식 식사이다.

⏱ 조리시간 30분 | 난이도 ★★☆

🍴 **Ready**

현미밥 100g, 소고기 다짐육(우둔) 50g, 가지 150g, 셀러리 35g, 당근 20g, 양파 80g, 파메르산 치즈 가루 5g, 토마토소스 100g, 올리브오일 10g, 소금 한 꼬집, 크러시드 페퍼(건고추) 약간, 후춧 가루 약간

과일: 자몽 70g, 키위 40g

🍲 **How to make**

1 소고기는 키친타월에 싸서 핏물을 빼주고, 양파, 셀러리, 당근은 1x1cm 크기로 썬다.

2 팬에 올리브오일을 두르고 소고기와 준비한 재료를 넣고 센 불에 볶다가 토마토소스를 넣고 끓여 라구소스를 완성한다.

3 팬에 올리브오일을 두르고 반으로 가른 가지를 올려 소금을 뿌려 굽는다.

4 접시에 밥을 담고 라구소스와 구운 가지를 올리고 크러시드 페퍼를 뿌린다.

5 자몽과 키위는 껍질을 제거하여 먹기 좋은 크기로 잘라 곁들인다.

감자면짜장  | 지중해식

감자를 면으로 사용하고, 양배추, 양파, 주키니호박 등 채소를 소스에 충분히 넣어
지중해식 짜장면을 완성하였다. 올리브오일로 채소를 볶아 향미가 좋고
트랜스지방의 섭취할 염려가 없다.

📑 **Ready**

감자 200g, 양파 100g, 양배추 50g, 주키니호박 70g, 당근 35g, 돼지고기(안심) 40g, 춘장 30g, 소금 1g, 설탕 3g, 올리브오일 7g, 후춧가루 약간, 다진 마늘 5g, 다진 생강 2g, 청주 10g, 물전분 15g, 물 200㎖, 완두콩 10g

과일: 망고 50g

🏛 **How to make**

1 스파이럴라이저를 이용하여 감자면을 만들어 찬물에 담근다.

   TIP 감자를 얇게 채 썰어 사용해도 된다.

2 양파, 양배추, 주키니호박, 당근을 1x1cm 크기로 썰고, 돼지고기는 키친타월에 싸서 핏물을 제거한다.

3 팬에 올리브오일을 두르고 약한 불에서 춘장을 볶다가 다진 마늘, 다진 생강, 청주를 넣고 볶는다.

4 돼지고기와 준비한 채소를 볶다가 물 200㎖와 물전분을 넣고 끓여 짜장소스를 완성한다.

   TIP 물전분은 감자전분과 물을 동량으로 섞어 만든다.

5 감자면은 끓는 물에 3분 정도 익힌 후 찬물에 헹군다.

6 그릇에 감자면과 짜장소스를 담은 후 완두콩을 올린다.

7 망고는 껍질을 제거하고 먹기 좋은 크기로 자른다.

TIP

스파이럴라이저

면을 만들 때는 호박이나 감자 등을 면 모양으로 자를 수 있는 조리도구이다.

131

허브오징어구이갈릭라이스  | 지중해식

쫄깃한 맛의 오징어로 단백질을 보충하고 마늘과 토마토를 넣어 올리브로 볶는다.
현미밥에 마늘과 양파, 굴소스를 넣어 올리브오일로 볶으면 근사한 지중해식 식사가 된다.

열량kcal	탄수화물g	단백질g	지방g
504	70	20	16

🪒 Ready

현미밥 140g, 오징어 70g, 방울토마토 60g, 통마늘 20g, 마늘종 35g, 양파 35g, 양상추 40g, 베이비채소 20g, 굴소스 5g, 올리브오일 15g, 발사믹크림소스 15g, 타임 1g, 후춧가루 약간

🍲 How to make

1 마늘은 0.3cm 두께로 슬라이스하고, 마늘종은 1cm 길이로, 양파는 0.5x0.5cm 크기로 자른다.

2 방울토마토는 4등분하고 양상추는 한입 크기로 자른다.

3 오징어는 내장을 제거하고 0.7cm 두께로 썬다.

4 팬에 올리브오일을 두르고 타임으로 향을 낸 후 오징어를 볶는다.

5 오징어를 볶은 기름에 마늘, 양파, 마늘종을 볶다가 굴소스를 넣은 다음, 현미밥을 넣어 함께 볶는다.

6 그릇에 볶음밥과 구운 오징어를 담고 방울토마토, 양상추, 베이비채소에 발사믹크림소스를 뿌려 곁들인다.

셀러리새우볶음밥  | 지중해식

통곡류인 현미밥에 셀러리, 파프리카, 파인애플을 넣고 올리브오일로 볶았다.
셀러리의 향과 파인애플의 단맛이 어우러져 풍미를 더한다.
셀러리의 풍부한 식이섬유는 다이어트로 인한 변비 예방에 도움이 된다.

열량kcal	탄수화물g	단백질g	지방g
500	69	20	16

🍴 Ready

현미밥 140g, 칵테일새우 60g, 양파 50g, 셀러리 70g, 파인애플 70g, 빨강 파프리카 35g, 주황 파프리카 35g, 다진 마늘 5g, 고수 5g, 올리브오일 15g

소스: 스리라차소스 5g, 피시소스 5g, 굴소스 5g

🏠 How to make

1   새우는 씻어서 체에 밭쳐 물기를 제거한다.

2   파프리카, 양파, 파인애플은 2x2cm크기로 썰고 셀러리는 2cm 길이로 어슷썰기한다.

3   준비한 분량의 소스 재료를 섞어준다.

4   달군 팬에 올리브오일을 두르고 다진 마늘을 볶아 향을 내고 1, 2의 재료를 넣고 센 불에 볶는다.

5   현미밥과 소스를 넣고 골고루 섞어 볶는다.

6   접시에 담고 고수를 올린다.

   TIP 고수는 취향에 따라 조절할 수 있다. 고수 대신 셀러리 잎이나 참나물을 넣어 향을 더해도 좋다.

버섯카레우동과 방울토마토절임

버섯은 섬유소가 풍부하여 장운동을 원활하게 하고 포만감이 높아 다이어트에 도움을 준다.
쫄깃한 식감을 자랑하는 버섯을 면발 굵기로 썰어 넣으면 면과 잘 어울리며 국수의 양을 줄일 수 있다.
폰즈소스에 절인 방울토마토를 곁들이고, 돼지고기를 볶을 때 올리브오일을 첨가하여 지중해식이 완성된다.

열량kcal	탄수화물g	단백질g	지방g
508	70	21	16

📋 Ready

우동면 70g, 돼지고기(뒷다리살) 50g, 올리브오일 3g, 팽이버섯 80g, 새송이버섯 80g, 양파 70g, 대파 10g, 카레 파우더 30g, 쯔유 5g, 미림 2g, 물 400㎖, 소금 한 꼬집, 후춧가루 약간

방울토마토 절임: 방울토마토 200g, 쯔유 10g

🍲 How to make

1 돼지고기는 키친타월에 싸서 핏물을 제거 하고 소금, 후춧가루, 미림으로 밑간한다.

2 양파, 새송이버섯은 0.5cm 두께로 채 썰고, 팽이버섯은 밑동을 자르고, 대파는 0.2cm 두께로 송송 썬다.

3 우동면을 끓는 물에 데친 후 체에 밭쳐 물기를 뺀다.

4 달군 냄비에 올리브오일을 두르고 돼지고기를 볶다가 준비한 재료를 넣고 센 불에 볶는다.

5 4에 물 400㎖, 쯔유, 카레 파우더를 넣고 카레소스를 만들고, 데친 우동면을 넣고 2분간 끓인다.

6 그릇에 담고 대파 고명을 얹는다.

7 방울토마토를 끓는 물에 데쳐 껍질을 벗기고 쯔유에 절인 후 곁들인다.

안초비오일파스타와 콜리플라워피클  | 지중해식

지중해식 단백질 보충은 육류보다는 해산물과 콩이 많이 사용된다.

당질 식품인 국수의 양을 줄이는 대신 콩으로 만든 누들 두부를 사용한 엔초비 파스타는

양을 많이 먹어도 상대적으로 열량이 적어 양으로 만족할 수 있다.

소금을 직게 넣어 만든 콜리플라워 피클을 국수와 곁들여 먹으면 상큼한 맛과 함께 채소 섭취량을 늘릴 수 있다.

열량kcal	탄수화물g	단백질g	지방g
504	72	20	15

Ready

통밀스파게티 50g, 누들두부 40g, 모시조개 50g, 아스파라거스 20g, 파메르산 치즈 가루 5g, 올리브오일 10g, 통마늘 20g, 안초비 3g, 크러시드 페퍼(건고추) 약간

콜리플라워피클: 콜리플라워 50g, 레몬 5g, 홍고추 1g, 식초 15g, 설탕 10g, 소금 한 꼬집, 물 50g, 피클링스파이스 한 꼬집

비트사과주스: 비트 10g, 사과 80g, 올리고당 5g, 물 50g

How to make - 안초비오일파스타

1 마늘은 0.3cm 두께로 슬라이스하고 아스파라거스는 5cm 길이로 어슷썬다.

2 통밀스파게티는 끓는 물에 삶는다.

3 달군 팬에 올리브오일을 두르고 약한 불에 마늘을 익히고 노릇해지면 안초비를 넣고 볶는다.

4 3에 모시조개를 넣고 센 불에 볶다가 입을 벌리면 삶은 면과 누들두부를 넣고 볶는다.

5 크러시드 페퍼와 파메르산 치즈 가루를 뿌려 마무리한다.

6 믹서에 비트, 사과, 물, 올리고당을 넣고 곱게 간다.

How to make - 콜리플라워피클

1 콜리플라워와 레몬은 작게 자르고 홍고추는 슬라이스 한다.

2 냄비에 물, 식초, 설탕, 소금, 피클링스파이스를 넣고 끓인다.

3 2는 한 김 식힌 후 1에 부어 상온에서 하루 보관한 다음, 냉장고에서 3일간 숙성시킨다.

소고기채소스튜  | 지중해식

소고기 부위 중에서도 지방이 적은 우둔살을 이용한 서양식 스튜로 병아리콩을 넣은 밥과 잘 어울린다.

하이스와 토마토페이스트를 적정량 혼합하면 맛의 풍미가 좋아지고 부드러워진다.

마지막에 파인애플의 달콤한 맛으로 지중해식 식사를 완성한다.

열량kcal	탄수화물g	단백질g	지방g
537	76	20	17

🧂 **Ready**

소고기 샤브샤브용(우둔) 40g, 감자 50g, 병아리콩밥 100g, 양송이버섯 50g, 양파 70g, 셀러리 35g, 당근 35g, 캐슈넛 10g, 미림 2g, 소금 한 꼬집, 후춧가루 약간

베이스소스: 토마토페이스트 15g, 하이라이스 파우더 20g, 케첩 5g, 올리브오일 10g, 물 500㎖, 월계수잎 1장

과일: 파인애플 80g

🍲 **How to make**

1 소고기는 키친타월에 싸서 핏물을 제거하고 미림, 소금, 후춧가루로 밑간한다.

2 감자, 양파, 당근, 양송이버섯은 3cm x 3cm 크기로 썰고, 셀러리는 3cm 길이로 어슷썬다.

3 토마토페이스트, 케첩, 하이라이스 파우더를 섞어 베이스소스를 만든다.

4 달군 냄비에 올리브오일을 두르고 소고기와 준비한 채소를 볶다가 3의 베이스소스를 넣고 골고루 섞는다.

5 물 500㎖와 월계수잎을 넣고 뭉근하게 끓인다.

6 그릇에 스튜를 담고 캐슈넛을 얹는다.

7 병아리콩밥을 그릇에 담아내고 파인애플은 먹기 좋은 크기로 잘라 준비한다.

치킨그린커리  | 지중해식

지방 함량이 적은 닭안심으로 단백질을 섭취하고, 토마토, 그린빈스, 버섯 등
다양한 채소를 듬뿍 넣어 올리브오일로 볶아 지중해식 구성을 완성한다.
코코넛오일과 그린커리페이스트가 조화를 이루어 이국적인 맛을 즐길 수 있다.

열량kcal	탄수화물g	단백질g	지방g
504	70	20	16

Ready

현미밥 140g, 닭안심 50g, 느타리버섯 50g, 토마토 150g, 그린빈 70g, 양파 70g, 가지 70g, 코코넛오일 5g, 올리브오일 10g, 그린커리페이스트 20g, 물 300㎖

How to make

1 닭안심은 1cm 두께로 채 썰고 양파, 가지, 토마토는 3×3cm 크기, 그린빈은 3cm길이로 자르고, 느타리버섯은 밑동을 잘라 준비한다.

2 팬에 올리브오일을 두르고 양파, 가지, 그린빈, 느타리버섯, 토마토, 닭안심을 센 불에 볶는다.

3 물 300㎖에 그린커리페이스트를 풀어 2의 팬에 넣고 끓으면 코코넛오일을 넣어 그린커리를 완성한다.

단호박뇨키핫시금치샐러드  | 지중해식

감자와 세몰리나 밀가루를 반죽하여 빚어 만드는 이탈리아 대표 메뉴인 뇨키를 지중해식으로 재해석한 요리이다.
지중해식에서 권장하는 통곡류의 일종인 통밀가루에 감자와 단호박을 넣고 빚어 빛깔도 좋고 영양도 균형잡혔다.
식사 후 저지방우유나 저지방요구르트에 신선한 과일을 넣어 간식으로 먹으면 지중해 식사가 완성된다.

🕐 조리시간 45분 | 난이도 ★★★

📋 **Ready**

감자 120g, 단호박 80g, 통밀가루 40g, 시금치 100g, 양파 30g, 빨강 파프리카 20g, 건조 블루베리 10g, 바질페스토 10g, 올리브오일 5g, 크러시드 페퍼(건고추) 한 꼬집, 소금 한 꼬집, 후춧가루 약간

수란: 달걀 1개, 식초 5g, 소금 약간, 물 500㎖

🍲 **How to make**

1 끓는 물에 단호박과 감자를 푹삶아 으깨고 통밀가루와 소금을 넣어 뇨키 반죽을 만든다.

2 반죽을 한입 크기로 떼어 동글납작하게 눌러 빚는다.

3 빚은 뇨키를 끓는 물에 삶은 후 체에 밭쳐 물기를 빼고 바질페스토에 버무린다.

4 양파와 파프리카는 1cm 두께로 채 썰고 시금치는 밑동을 잘라 준비한다.

5 팬에 올리브오일을 두르고 양파, 파프리카, 시금치, 건조 블루베리, 소금, 후춧가루를 넣고 센 불에 살짝 볶는다.

TIP 시금치에 있는 엽산은 물에 데칠 때 쉽게 파괴되는 성분으로 기름에 살짝 볶으면 영양소 손실을 줄일 수 있다.

6 끓는 물에 소금, 식초를 넣고 국자로 저어 회오리를 만들고 달걀을 깨 넣어 2분 정도 삶아 수란을 만든다.

7 그릇에 볶은 채소와 단호박뇨키, 수란을 담고 크러시드 페퍼를 뿌린다.

구운라타투이 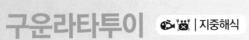 | 지중해식

프랑스 프로방스 지방에서 즐겨먹는 전통 채소스튜인 라타투이 조리법에 변화를 주었다.
여러 가지 채소에 치즈와 토마토소스를 올려 구워 완성하고,
호밀 바게트 약간과 저지방우유 한 잔을 구성하니 균형잡힌 지중해식 한 끼이다.

열량kcal	탄수화물g	단백질g	지방g
483	69	20	15

🧰 **Ready**

호밀바게트 50g, 가지 70g, 애호박 70g, 고구마 70g, 모차렐라치즈 25g, 올리브오일 10g, 저지방우유 200㎖

토마토소스: 청피망 50g, 양파 100g, 시판 토마토소스 100g, 소금 1g, 후춧가루 약간

🍲 **How to make**

1 가지, 애호박, 고구마는 0.5cm 두께로 썰고 양파, 청피망은 0.5×0.5cm 크기로 잘게 다진다.

2 달군 팬에 올리브오일 5g을 두르고 양파, 피망을 센 불에 볶다가 토마토소스, 소금, 후춧가루를 넣고 끓인다.

3 가지, 고구마, 애호박 순으로 돌려 담고 2의 소스와 모차렐라치즈를 올린 뒤 180℃로 예열한 오븐에서 10분간 굽는다.

TIP 전자레인지 조리시 뚜껑을 덮고 5분간 조리한다.

4 호밀바게트를 1cm 두께로 슬라이스하여 팬에 올리브오일 5g을 두르고 노릇하게 굽는다.

5 저지방우유 1잔(200㎖)을 함께 곁들인다.

이탈리아식고등어구이  | 지중해식

지중해식 식사는 해산물 섭취를 많이 권장한다.
특히 고등어는 심혈관질환 예방에 도움이 되는 오메가-3 지방산이 풍부하다.
올리브, 토마토, 케이퍼를 사용한 소스는 고등어의 풍미를 돋우고,
쿠스쿠스를 곁들여 이국적인 맛을 즐길 수 있다.

열량kcal	탄수화물g	단백질g	지방g
508	71	20	16

📋 Ready

고등어 필렛 60g, 레몬 10g, 로즈마리 2g, 시금치 100g, 만가닥버섯 50g, 통마늘 15g, 쿠스쿠스 25g, 올리브오일 2g, 소금 한 꼬집, 후춧가루 약간

토마토케이퍼소스: 방울토마토 100g, 케이퍼 10g, 양파 30g, 블랙올리브(슬라이스) 30g, 파프리카 파우더 1g, 올리고당 5g, 올리브오일 3g

과일: 사과 160g

🍲 How to make

1 고등어는 레몬즙, 로즈마리, 소금, 후춧가루를 뿌리고 10분간 재운다.

2 마늘은 0.5cm 두께로 자르고 시금치와 만가닥버섯은 밑동을 잘라 준비한다.

3 쿠스쿠스는 끓는 물에 삶은 후 체에 밭쳐 물기를 제거한다.

4 방울토마토는 4등분하고, 양파는 다진다.

5 팬에 올리브오일을 두르고 다진 양파, 방울토마토, 올리브, 케이퍼를 넣고 볶다가 파프리카 파우더, 올리고당을 넣어 토마토케이퍼소스를 완성한다.

6 팬에 올리브오일을 두르고 마늘을 볶다가 시금치와 만가닥버섯을 볶는다.

7 190℃로 예열한 오븐에서 7분간 굽는다.
TIP 달군 팬에서 앞뒤로 노릇하게 구워도 좋다.

8 접시에 쿠스쿠스, 고등어, 채소를 담고 토마토케이퍼소스를 위에 얹는다.

9 사과는 먹기 좋은 크기로 잘라 준비한다.

가벼운 한끼

300
kcal

디톡스그린샐러드

비타민과 항산화 성분이 풍부한 아스파라거스, 브로콜리, 시금치, 오이 등 그린 채소는
다이어트로 지친 몸에 활력을 주고 섬유질까지 풍부하여 장내 노폐물을 배출하기에 탁월한 샐러드이다.
영양균형을 위하여 쫄깃한 고구마말랭이로 당질을, 연어로 단백질을 보충하였다.

열량kcal	탄수화물g	단백질g	지방g
328	49	15	8

📋 **Ready**

로메인 30g, 오이 40g, 아스파라거스 40g, 브로콜리 40g, 시금치 30g, 고구마말랭이 50g, 훈제 연어 40g, 케이퍼 2g

드레싱 재료: 올리브오일 2g, 설탕 3g, 발사믹식초 10g, 레몬즙 5g

🍲 **How to make**

1 로메인과 시금치는 작은 크기로 준비하고 오이는 필러로 얇게 깎아 준비한다.

2 아스파라거스는 필러로 껍질을 깎아 1/2 크기로 자르고 브로콜리는 작은 송이로 잘라 끓는 물에 데친다.

3 훈제연어와 고구마말랭이는 한입 크기로 자른다.

4 볼에 준비한 채소를 담고 고구마말랭이, 훈제연어, 케이퍼를 올린 다음 드레싱을 곁들인다.

디톡스옐로우샐러드

베타카로틴, 루테인, 비타민이 풍부한 단호박, 파프리카, 애호박은 눈 건강에 도움을 주고, 피부 건강에 좋다.
섬유질이 많은 버섯과 양상추도 충분히 섭취할 수 있어 배변활동에 도움이 된다.
달걀과 치즈로 필수 단백질을 보충하여 열량은 낮지만 영양 균형을 맞춘 식사이다.

열량kcal	탄수화물g	단백질g	지방g
334	54	15	6

🧴 Ready

양상추 50g, 노랑 파프리카 15g, 주황 파프리카 15g, 애호박 40g, 달걀 40g, 모차렐라치즈 20g,
새송이버섯 40g, 마늘 10g, 단호박 100g, 노란 옥수수 40g

드레싱 재료: 사과주스 20g, 파인애플식초 15g, 꿀 5g, 소금 한 꼬집, 후춧가루 약간

🍲 How to make

1 달걀은 삶아서 1/4 크기로 자르고, 파프
리카는 큼직하게 썰고 노란 옥수수는 칼로
알맹이만 썬다.

2 단호박, 애호박. 새송이버섯, 마늘은 큼직
하게 썰어 내열용기에 넣어 전자레인지에
3분간 익힌 다음 뚜껑을 열고 식힌다.

3 볼에 양상추를 먹기 좋게 잘라 담고 준비
한 채소와 모차렐라치즈, 달걀을 담는다.

4 준비한 드레싱 재료를 섞어 샐러드에 곁들
인다.

디톡스레드샐러드

라디치오의 쌉싸름함과 적겨자의 알싸한 맛, 톡톡 터지는 통곡물의 식감이 매력적인 샐러드이다.
채소에 풍부한 비타민C는 피부 탄력과 잔주름을 예방하는 등 피부 건강에 도움을 준다.
섬유질이 풍부한 잡곡류와 채소를 충분히 섭취할 수 있어 장내 노폐물 배출에 도움을 준다.

열량kcal	탄수화물g	단백질g	지방g
299	48	11	7

🥢 Ready

블랙올리브 10g, 적겨자 10g, 라디치오 20g, 양상추 30g, 당근 20g, 토마토 50g, 비트 20g, 수수 15g, 율무 15g, 흑미 10g, 강낭콩(캔) 5g, 두부 40g

드레싱 재료: 생강차 8g, 간장 8g, 식초 12g, 올리브오일 2g, 다진 마늘 1g, 레몬즙 1㎖

🥘 How to make

1. 강낭콩(캔)과 블랙올리브는 체에 밭쳐 흐르는 물에 씻은 후 그대로 물기를 제거한다.

2. 수수, 율무, 흑미는 20분간 삶아서 찬물에 헹궈 체에 밭쳐 물기를 제거한다.

3. 비트, 당근은 얇게 채 썰고 양상추, 적겨자, 라디치오는 큼직하게 썰고, 토마토와 두부는 1x1cm 크기로 썬다.

4. 볼에 준비한 재료를 골고루 섞어 담고 드레싱을 곁들인다.

TIP 생강차가 없다면 생강 2g, 올리고당 5g으로 대체하면 된다.

구운연어랩샐러드

단백질이 풍부한 연어와 퀴노아를 함께 조합하여 가볍지만 든든한 한 끼이다.
통 로메인에 재료를 얹어 먹는 쌈과 같은 샐러드로
아삭한 로메인의 식감은 씹는 즐거움을 준다.

열량kcal	탄수화물g	단백질g	지방g
318	44	18	8

🍱 Ready

연어 55g, 퀴노아 50g, 로메인 30g, 양파 10g, 적채 20g, 쪽파 2g, 라임(또는 레몬) 10g

양념 재료: 올리브오일 5g, 마늘가루 2g, 오레가노 1g, 소금 1g, 파프리카가루 1g, 고운고춧가루 1g

🍲 How to make

1   로메인은 작은 크기로 고르고 적채, 양파
는 얇게 채 썰고 쪽파는 송송 썬다.

2   연어는 양념 재료를 섞어 양념하고 180℃
로 예열한 오븐에 10분간 굽는다.

3   퀴노아는 끓는 물에 15분간 삶아 체에 밭
쳐 물기를 뺀다.

4   작은 로메인잎을 골라 접시에 담고 먹기
좋게 자른 연어와 준비한 재료를 올린 다
음 라임이나 레몬을 잘라 곁들여 즙을 뿌
려 먹는다.

다섯가지콩샐러드

밭의 고기인 다양한 콩으로 필수단백질을 보충하고 감자와 양상추, 로메인으로 포만감을 준 샐러드이다.
감식초의 부드러운 새콤한 맛이 콩과 잘 어우러지고 소화 흡수에도 도움을 준다.

열량kcal	탄수화물g	단백질g	지방g
330	52	13	8

🧂 **Ready**

감자 200g, 병아리콩(캔) 10g, 블랙빈(캔) 10g, 강낭콩(캔) 30g, 렌틸콩(캔) 5g, 그린빈(캔) 20g, 양상추 30g, 로메인 20g, 올리브오일 2g, 소금 1g, 후춧가루 약간

드레싱 재료: 올리브오일 2g, 감식초 15g, 설탕 4g, 다진 적양파 5g, 소금 한 꼬집

🍲 **How to make**

1 감자는 껍질째 잘라 소금, 후춧가루, 올리브오일로 간하여 180℃로 예열한 오븐에 15분간 굽는다.

2 다섯 가지 콩은 체에 밭쳐 흐르는 물에 헹궈 물기를 빼준다.

3 다섯 가지 콩을 볼에 옮겨 담은 후 준비한 드레싱 재료를 넣어 섞는다.

4 그릇에 버무린 콩, 양상추, 로메인은 먹기 좋게 잘라 담고 구운 감자를 함께 담아낸다.

콜리샐러드

열량은 낮고 포만감은 높은 브로콜리와 콜리플라워를 충분히 넣었다.
모든 재료를 데쳐서 사용해 낮은 열량으로 배부르게 먹을 수 있는 샐러드이다.

열량kcal	탄수화물g	단백질g	지방g
309	43	16	8

🧰 Ready

브로콜리 60g, 콜리플라워 60g, 닭가슴살소시지 30g, 쇼트파스타 40g, 올리브오일 2g, 크러시드 페퍼(건고추) 1g

드레싱 재료: 사워크림 20g, 화이트와인식초 10g, 꿀 5g

🍲 How to make

1 브로콜리와 콜리플라워는 작은 송이로 잘라 끓는 물에 데쳐 체에 밭쳐 식힌다.

2 끓는 물에 소금을 약간 넣고 쇼트파스타를 삶아 건져 올리브오일과 크러시드 페퍼(건고추)를 넣고 섞어준다.

3 닭가슴살소시지는 끓는 물에 데친다.

4 데친 닭가슴살소시지를 충분히 식혀 그릇에 담고 드레싱을 곁들인다.

골뱅이아보카도샐러드

고단백질 골뱅이와 불포화지방산이 풍부한 아보카도를 이용한 영양 만점 샐러드이다.
아보카도와 귀리, 보리에 많은 식이섬유는 장내 노폐물과 찌꺼기를 배출한다.
매실 효소와 감식초를 드레싱에 넣어 부드러운 신맛으로 부담이 없고 소화 흡수가 잘된다.

⏱ **조리시간** 35분 | **난이도** ★☆☆

🗄 **Ready**

골뱅이(캔) 50g, 아보카도 30g, 알배추 40g, 영양부추 5g, 귀리 30g, 보리 20g, 베이비채소 5g

드레싱 재료: 간장 5g, 매실 효소 5g, 감식초 5g

🍲 **How to make**

1 골뱅이는 체에 밭쳐 물기를 제거한다.

2 아보카도는 껍질과 씨를 제거하고 슬라이스하고 알배추는 1x4cm 크기로 썰고 영양부추는 4cm 길이로 썬다.

3 귀리와 보리는 20분간 삶아 찬물에 헹궈 체에 밭쳐 물기를 뺀다.

4 그릇에 준비한 재료를 골고루 섞어 담고 드레싱 재료를 섞어 뿌린 후 베이비채소를 소복하게 올린다.

불고기메밀묵샐러드

불고기와 잘 어울리는 메밀묵으로 만든 한식 샐러드이다.
당질은 열량 낮은 메밀묵으로, 단백질은 기름기 적은 우둔살로 구성하여
영양균형을 제대로 맞춘 샐러드이다.

Ready

메밀묵 200g, 우둔살 40g, 배추 50g, 단호박 100g, 무순 5g, 대파 5g, 홍고추 3g, 물 30㎖

불고기 양념: 간장 5g, 설탕 5g, 다진 마늘 2g, 다진 파 2g, 참기름 1g, 볶음참깨 약간, 후춧가루 약간

How to make

1 소고기는 키친타월로 핏물을 제거하고 준비한 분량의 불고기 양념을 섞어 30분간 재운다.

2 메밀묵은 채 썰고, 단호박은 얇게 슬라이스하고, 배추는 0.7x4cm 길이로 썬다.

TIP 메밀묵 대신 도토리묵을 사용해도 된다.

3 대파, 홍고추는 얇게 채 썬 후, 무순과 함께 찬물에 담가 놓는다.

4 팬에 물 30㎖와 양념한 소고기를 넣고 센 불에 볶다가 배추와 단호박을 넣고 볶는다.

5 그릇에 메밀묵과 불고기를 담고 파채, 홍고추, 무순을 올린다.

고소한양배추전

당지수가 높은 부침가루 대신 단백질과 식이섬유가 풍부한 귀리가루와 콩비지로 반죽한 양배추전이다.
양배추는 식이섬유가 많아 포만감이 높고 배변활동을 돕는다.
매콤한 스리라차소스와 가다랑어포를 곁들여 풍미를 살렸다.

📋 **Ready**

양배추 150g, 파채 20g, 베이컨 10g, 콩비지 60g, 볶은 귀리가루 50g, 식용유 2g, 달걀 20g, 가다랑어포 2g. 스리라차소스 5㎖, 물 50㎖

🍲 **How to make**

1 양배추와 베이컨은 0.5cm 두께로 채 썰고 파채와 골고루 섞는다.

2 1에 콩비지, 달걀, 귀리가루, 물을 넣고 반죽한다.

3 달군 팬에 식용유를 두르고 반죽을 올려 앞뒤로 노릇하게 부친다. 스리라차소스와 가다랑어포를 얹어 마무리한다.

차돌박이배추대파찜

배춧잎 사이사이에 고기와 파를 채워 찌면 고기의 풍미가 배추와 파에 배어 맛있게 먹을 수 있다.
열량이 낮은 배추를 풍족하게 넣어 양에 대한 욕구를 채우는 것은 물론
변비까지 해결되는 일석이조의 한 끼이다.

열량kcal	탄수화물g	단백질g	지방g
304	45	14	8

🧂 **Ready**

귀리밥 100g, 차돌박이 50g, 배추 200g, 파채 50g, 쯔유 15g, 생강가루 2g, 후춧가루 약간

연겨자장 재료: 간장 5g, 식초 5g, 식초 5g, 설탕 5g, 연겨자 2g

🍲 **How to make**

1 배추는 잎이 분리되지 않도록 배추심을 살려 1/4 크기로 자른다.

2 배춧잎 사이사이 차돌박이와 파채를 채운다.

3 바닥이 두꺼운 냄비에 2를 넣고 물 100㎖를 넣고 생강가루를 섞은 쯔유를 뿌려준다.

4 중간 불로 끓이다가 김이 오르면 약한 불로 15분 정도 찐다.

5 분량의 간장, 식초, 설탕, 연겨자를 섞어 겨자간장소스를 만들어 종지에 담아 곁들인다.

6 그릇에 귀리밥을 깔고 배추대파찜을 얹는다.

타불레(Tabbouleh)

타불레는 중동식 샐러드로 곡물과 각종 채소를 즐기 수 있는 샐러드이다.
통곡물 불구르(bulgur)는 식이섬유와 단백질이 풍부하여 포만감이 좋아 체중조절에 효과적이고,
식물성 단백질이 풍부한 두부를 토핑해 단백질을 보충하였다.

🍱 **Ready**

불구르(bulgur) 50g, 두부 80g, 토마토 50g, 로메인 20g

드레싱 재료: 양파 10g, 이탈리안 파슬리 2g, 레몬즙 15g, 올리브오일 3g, 올리고당 5g, 마늘가루 2g, 소금 1g, 후춧가루 약간

🍲 **How to make**

1 불구르는 1.5배의 물을 붓고 1시간 정도 불려 20분간 끓여 찬물에 헹궈 물기를 빼 준다.

2 두부는 약한 불에 달군 팬에 기름없이 굽 는다.

3 씨를 제거한 토마토와 구운 두부는 1x1cm 크기로 자르고 양파, 이탈리안 파슬리는 다진다.

TIP 이탈리아 파슬리 대신 셀러리를 사용해도 된다.

4 볼에 준비한 재료와 드레싱을 넣은 다음 손질한 로메인을 골고루 섞는다.

퀴노아삼계죽

체중조절을 할 때는 삼계탕을 대신하여 즐길 수 있는 저열량 삼계죽을 소개한다.
지방이 적어 열량이 낮고 단백질이 높은 닭가슴살, 섬유질이 풍부하여 포만감이 높은 현미,
고단백의 퀴노아를 넣어 만든 삼계죽이다.

⏱ 조리시간 60분 | 난이도 ★★☆

🧰 Ready

퀴노아 25g, 현미 25g, 닭가슴살 50g, 수삼 10g, 대파 5g, 대추 2g, 마늘 2g, 당근 15g, 표고버섯 10g, 양파 10g, 애호박 15g, 참기름 5g, 물 700㎖

🍲 How to make

1 현미는 물에 2시간 정도 불린다.

2 당근, 표고, 양파, 애호박은 0.5x0.5cm 크기로 자른다.

3 냄비에 물 700㎖를 넣고 닭가슴살과 수 삼, 대파, 대추, 마늘을 넣고 삶는다.

4 닭가슴살이 익으면 닭가슴살은 꺼내어 식 혀 찢어주고, 수삼은 꺼내놓는다.

5 닭가슴살 삶은 물에 현미와 퀴노아를 넣고 끓이다 현미가 익으면 다진 채소를 넣고 5 분 정도 더 끓인다.

6 그릇에 죽을 담고 닭가슴살과 수삼을 올린 후 참기름을 뿌려 완성한다.

오자죽

오자죽은 다섯 가지 견과류를 넣고 끓이는 전통보양식이다.
다이어트 중 저하된 기력을 보출할 수 있도록 오자죽을 재구성하였다.
견과류와 쌀의 양을 줄이는 대신, 단백질이 풍부한 콩비지와 비정제 곡물 현미를 넣어,
다이어트중 저하된 기력을 보충할 수 있는 고소하면서도 담백한 저열량 영양식이다.

열량kcal	탄수화물g	단백질g	지방g
298	49	10	7

🗃 **Ready**

현미 50g, 율무 15g, 호두 1g, 잣 2g, 깨 1g, 호박씨 1g, 콩비지 100g, 물 250㎖

🍲 **How to make**

1 현미와 율무는 물에 2시간 정도 불리고, 호두는 끓는 물에 삶아 껍질을 벗긴다.

2 믹서에 불린 현미, 율무, 잣, 호두, 깨, 호박씨, 물 150㎖를 넣고 곱게 간다.

3 냄비에 2와 콩비지, 물 100㎖를 넣고 중 불에서 끓인다. 한소끔 끓으면 약한 불로 줄여 눌러 붙지 않도록 계속 저으며 5분간 더 끓인 후 소금으로 간한다.

근대불그루새우죽

식이섬유가 많아 변비예방에 탁월한 불그루와 현미를 근대와 함께 넣어 끓인 구수한 죽이다.
여기에 구수한 된장과 새우를 넣어 풍미를 높였다.
통곡물 불그루는 밀을 한 번 쪄서 빻아 만든 곡류로 지중해, 중동 지역에서 즐겨먹는데,
섬유질이 많고 콜레스테롤이 없어 건강한 식재료로 활용이 높다.

Ready

불그루(bulgur) 30g, 현미밥 70g, 건보리새우 10g, 건다시마 1g, 근대 70g, 대파 5g, 된장 5g, 고추장 3g, 다진 마늘 2g, 참기름 3g, 물 600㎖

How to make

1 불그루는 1시간 정도 불린다.

2 근대는 1cm 길이로 썰고 대파는 송송 썬다.

3 냄비에 물을 넣고 건다시마와 건보리새우를 넣고 끓이고, 끓어오르면 건다시마는 건져낸다.

4 3의 육수에 된장, 고추장을 풀고 불린 불그루와 현미밥을 넣고 끓여준다.

5 현미밥이 퍼지면 근대와 다진 마늘, 참기름을 넣고, 근대가 익으면 대파를 넣어 섞는다.

바지락주꾸미샐러드

종이호일을 이용하여 익혀 수분 손실을 줄여 촉촉하고 부드럽게 익힌 채소와 해물을 즐길 수있는 샐러드이다.
제철 채소로 향을 더하고, 삶아 으깬 부드러운 감자와 바지락향이 배인 양배추는 포만감을 높여주며
쫄깃한 바지락과 주꾸미는 양질의 단백질을 공급한다.

열량kcal	탄수화물g	단백질g	지방g
315	43	22	6

🍶 **Ready**

바지락(껍질 포함) 80g, 주꾸미 30g, 양배추 70g, 양파 30g, 방풍나물(또는 계절 나물) 30g, 레몬 20g, 건고추 2g, 감자 200g, 설탕 2g, 버터 5g, 소금 1g, 후춧가루 약간

🏮 **How to make**

1 바지락은 해감하고 주꾸미는 굵은 소금으로 문질러 빨판까지 깨끗이 씻는다.

    TIP 소금물에 바지락을 담근 후 검은 봉지를 씌워 1~2시간 정도 두면 불순물을 뱉어 낸다.

2 감자는 삶아서 으깨고 소금, 후춧가루, 버터로 간한다.

3 양배추는 3x3cm 크기로 썰고 양파는 굵게 채 썰고 레몬은 슬라이스한다.

4 방풍나물은 깨끗이 씻어 손질한다.

5 팬에 종이호일을 정사각형 모양으로 잘라 가운데 1, 2, 3에서 준비한 재료를 넣고 소금, 후춧가루, 건고추를 골고루 뿌린다.

6 종이호일을 한 장 더 준비해 팬 위에 덮어 국물이 새지 않도록 사방으로 접어 올린 후 중불에서 7분간 굽는다.

    TIP 바지락 크기에 따라 굽는 시간은 가감한다.

7 바지락이 입을 벌리면 불을 끄고 팬에서 종이를 걷어내 으깬 감자를 올린다.

버섯안심샐러드

지방이 적고 단백질이 풍부한 소안심과 식이섬유가 풍부하고 열량이 낮은 버섯을 사용하여
포만감을 높여 다이어트 시 과식을 억제할 수 있다.
소안심은 지방이 적어 오래 익히면 퍽퍽해지므로 센 불로 짧은 시간 조리해야 먹기에 좋다.

열량kcal	탄수화물g	단백질g	지방g
312	43	8	18

📋 Ready

바게트 30g, 소안심 40g, 애느타리버섯 50g, 팽이버섯 50g, 양송이버섯 30g, 어린잎채소 30g, 방울토마토 60g, 단호박 100g

드레싱 재료: 올리브오일 3g, 안초비 3g, 다진 마늘 1g, 레몬즙 3g, 후춧가루 약간

TIP 드레싱에 안초비를 첨가하면 한식에 친숙한 감칠맛을 즐길 수 있다.

🍲 How to make

1 애느타리버섯과 팽이버섯은 손으로 가르고, 양송이버섯은 얇게 썰어 끓는 물에 데친 후 물기를 꼭 짠다. 손질한 버섯을 볼에 넣고 소금, 올리브오일로 밑간한다.

2 바게트는 1cm 두께로 슬라이스해서 후라이팬에서 노릇하게 굽는다.

3 방울토마토는 1/2 크기로 자르고 안초비는 다진다.

4 단호박은 큼직하게 썰어 내열용기에 담아 전자레인지에 7분간 익힌다.

5 소안심은 키친타월로 핏물을 제거한 후 소금, 후춧가루로 간하여 센 불에서 굽는다.

5 그릇에 준비한 재료를 골고루 섞어 담고 드레싱을 곁들인다.

매운당근허머스샐러드랩

허머스는 병아리콩을 으깨어 올리브오일, 레몬즙, 소금, 마늘과 섞어 만든 중동의 향토음식이다.
여기에 섬유질과 비타민이 풍부한 시금치, 오이, 토마토를 통밀토르티야와
불그루와 함께 먹으니 포만감은 물론이고
변비가 고민인 다이어터에게 추천하는 메뉴이다.

열량kcal	탄수화물g	단백질g	지방g
330	48	13	9

📋 **Ready**

통밀토르티야 40g, 불그루(bulgur) 20g, 참치(캔) 20g, 시금치 10g, 오이 20g, 토마토 30g

허머스(hummus) 재료: 당근 30g, 병아리콩(캔) 20g, 건고추 0.2g, 아보카도 20g, 올리브오일 1g, 소금 1g, 파프리카 파우더 1g, 레몬주스 2g

🍲 **How to make**

1　당근은 잘게 잘라 푹 삶은 후 허머스 재료와 섞어 믹서에 부드럽게 갈아준다.

2　참치는 찬물에 헹군 후 체에 밭쳐 기름을 빼주고 물기를 제거한다.

3　시금치는 작은 잎으로 준비하고 오이, 토마토는 1x1cm크기로 썬다.

4　불그루는 분량의 1.5배 정도 물을 부어 1시간 동안 불린 다음 15분간 삶는다. 삶은 불그루를 체에 밭쳐 찬물에 헹군 후 그대로 물기를 빼준다.

5　통밀토르티야에 당근허머스를 가운데 바르고 준비한 참치와 채소를 올려 말아준다.

185

바질씨드베리스무디

바질씨드는 물에 닿으면 30배로 불어나 1g만 섭취해도 밥 2큰술의 포만감을 얻을 수 있어 다이어트에 좋다.
단백질이 풍부한 그리스요구르트와 섬유질이 풍부한 오트밀을 넣어 더욱 든든한 한 끼이다.

열량kcal	탄수화물g	단백질g	지방g
312	47	13	8

🗂 Ready

무가당저지방그리스요구르트 40g, 오트밀 30g, 무가당아몬드밀크 190㎖, 아보카도 20g, 냉동베리 50g

토핑 재료: 바질씨드 2g, 바나나 60g, 블루베리 20g

🍲 How to make

1 바질씨드는 물에 20분간 불린다.

2 바나나는 슬라이스한다.

3 아보카도는 슬라이스해서 토핑 재료를 제외한 준비한 재료와 함께 믹서에 간다.

4 3을 그릇에 담고 토핑 재료를 올린다.

그린스무디

바쁜 아침시간에 끼니를 챙겨야하거나 운동 후 간단한 저녁 식사가 필요할 때 추천하는 한 끼.
재료를 믹서로 갈아서 만드니 그야말로 초간단 요리이다.
재료를 모두 넣고 갈아서 먹어도 좋지만 과일과 아몬드는 토핑으로 올려 천천히 씹어 먹으면
폭식을 방지하고 소화 흡수에도 좋다.

열량kcal	탄수화물g	단백질g	지방g
311	47	13	8

🍴 **Ready**

저지방그리스요구르트 80g, 코코넛밀크 5g, 시금치 40g, 망고 40g, 파인애플 40g, 닭가슴살 10g, 아몬드밀크 100㎖, 오트밀 20g

토핑 재료: 블루베리 30g, 아몬드 5g, 바나나 60g

🍲 **How to make**

1 바나나는 슬라이스하고 아몬드는 1/2 크기로 잘라 토핑 재료로 준비한다.

2 닭가슴살은 데친다.

3 믹서에 토핑 재료를 제외하고 닭가슴살과 오트밀, 저지방그리스요구르트, 코코넛밀크, 시금치, 망고, 파인애플을 넣고 간다.

4 그릇에 담고 토핑 재료를 올린다.

고구마콩비지수프

심심한 맛의 콩비지에 달큰한 고구마와 기름에 볶은 양파를 함께 끓인
담백하고 풍부한 맛의 수프이다.
따끈하게 데운 수프에 후춧가루를 살짝 뿌리면 든든하고 속 편한 한 끼로 그만이다.

열량kcal	탄수화물g	단백질g	지방g
289	52	15	7

🍴 **Ready**

고구마 100g, 콩비지 160g, 돼지고기(안심) 35g, 양파 30g, 식용유 2g, 물 200㎖, 소금 1g, 후춧가루 약간

🍲 **How to make**

1 양파는 얇게 채 썰어 팬에 식용유를 두르고 갈색 빛이 날 때까지 볶는다.

2 고구마와 돼지고기 안심을 각각 물에 삶는다.

3 삶은 고구마 30g과 돼지고기 안심은 토핑용으로 잘라둔다.

4 삶은 고구마 70g, 콩비지, 물, 볶은 양파를 믹서에 갈아 냄비에 넣고 끓인다.

5 끓인 수프를 그릇에 담고, 준비한 토핑 재료를 올린다. 식성에 맞게 소금, 후춧가루로 간한다.

열량kcal	탄수화물g	단백질g	지방g
310	42	22	6

돼지고기토마토수프

지방이 적고 단백질이 높은 돼지고기 안심과 토마토를 풍부하게 넣어
담백하고 진한 토마토향을 즐길 수 있는 상큼한 수프이다.
양배추, 당근, 감자 등 채소를 많이 넣어 저열량의 포만감 높은 든든한 한 끼가 된다.

📋 Ready

감자 130g, 돼지고기(안심) 70g, 당근 20g, 양파 20g, 양배추 20g, 토마토 50g, 토마토홀 40g, 소금 1g, 물 500㎖

돼지고기 양념: 간장 15g, 카레가루 5g, 설탕 10g, 다진 마늘 2g, 후춧가루 약간

🍲 How to make

1 돼지고기에 준비한 양념 재료를 넣고 1시간 정도 재운다.

2 감자, 당근, 양파, 양배추, 토마토는 3x3cm 크기로 자른다.

3 준비한 채소와 돼지고기, 토마토홀, 물을 넣고 약한 불에서 푹 끓인 후 소금, 후춧가루로 간한다.

⏰ 조리시간 30분 | 난이도 ★☆☆

단호박햄프씨드수프

고단백의 햄프씨드와 콩비지를 넣은 단호박 수프이다.

햄프씨드는 불포화지방산 오메가-3가 풍부하여 심장과 혈관 건강에 도움을 준다.

단호박은 비타민B와 비타민C가 풍부하여 피로회복에 좋고 면역력 증진에 도움을 준다.

🍴 Ready

단호박 200g, 물 200㎖, 콩비지 50g, 햄프씨드 10g, 소금 1g, 후춧가루
약간

🍲 How to make

1 단호박은 껍질째 잘라 그릇에
담고 전자레인지에 7분간 익
힌다.

2 믹서에 익힌 단호박과 물, 콩
비지를 넣고 간다.

3 냄비에 담고 중간 불에서 한소
끔 끓이고 햄프씨드를 넣고 섞
은 후 소금으로 간한다.

심플, 혼밥
한 끼

500
kcal

달걀쌀국수

쌀국수의 양을 줄여 열량을 낮추고, 부족한 면 양은 아삭한 숙주로 채워 넣었다.
고기 대신 달걀로 단백질을 보충한 담백하고 깔끔한 쌀국수이다.

열량kcal	탄수화물g	단백질g	지방g
483	76	20	11

📋 **Ready**

달걀 75g, 쌀국수 100g, 숙주 50g, 고수 5g, 쌀국수 육수베이스(시판) 30g, 물 450㎖, 고추기름 3g

🍲 **How to make**

1 쌀국수는 찬물에 1시간 이상 불린다.

2 숙주와 고수는 씻어 체에 밭쳐 물기를 제거한다.

3 쌀국수 육수베이스와 물 300㎖를 섞어 육수를 만들고, 달걀과 물 150㎖를 섞어 달걀물을 만든다.

4 면기에 불린 쌀국수, 숙주를 담고 육수를 붓는다.

5 4에 달걀물을 육수와 섞이지 않도록 부은 다음, 전자레인지에서 5분간 조리한다. 몽글몽글한 달걀 덩어리가 생기도록 조리시간은 가감하면 된다.

5 고수와 고추기름을 곁들인다.

197

칠리치킨볼스튜

심플한 혼밥을 원한다면 강추 메뉴이다.
채소만 간단히 썰어 넣고 닭가슴살볼, 미니군고구마를 그릇에 담고 소스만 부어 전자레인지에 7분이면 완성!
여기에 현미밥 반공기면 간단하고 영양적으로 부족하지 않게 한 끼 식사가 해결된다.

열량kcal	탄수화물g	단백질g	지방g
474	75	21	10

🧰 Ready

닭가슴살볼(시판) 100g, 미니군고구마(시판) 80g, 양파 50g, 당근 20g, 브로콜리 20g, 현미밥 100g, 닭볶음탕용 소스(시판) 50g, 식용유 7g, 볶음참깨 약간

TIP 닭볶음탕 양념 재료: 고추장 18g, 고춧가루 10g, 간장 10g, 설탕 10g, 맛술 8g, 다진 마늘 5g, 다진 생강 2g, 후춧가루 약간

🍲 How to make

1 브로콜리, 양파, 당근은 3x3cm 크기로 썬다.

2 내열용기에 1의 채소를 넣고 식용유를 넣어 섞은 뒤 전자레인지에서 2분간 익힌다.

3 2에 닭가슴살볼과 미니고구마, 닭볶음탕용 소스를 넣고 골고루 섞은 후 전자레인지에서 다시 7분간 익힌다.

TIP 닭가슴살볼은 닭가슴살소시지나 훈제닭가슴살로 대체해도 좋다.

4 그릇에 담고 볶음참깨를 뿌려주고 현미밥을 곁들여 먹는다.

맑은순두부탕

순두부와 바지락으로 식물성 단백질과 동물성 단백질을 골고루 보충하였다.
깔끔한 바지락 국물맛이 단백한 순두부 맛과 찰떡 궁합을 이룬다.
현미밥과 함께 먹으면 든든한 한 끼이다.

열량kcal	탄수화물g	단백질g	지방g
483	74	22	11

🍴 **Ready**

현미밥 190g, 바지락 120g, 순두부 120g, 무 50g, 대파 5g, 부추 10g, 청양고추 2g, 시원육수베이스(시판) 10g, 물 500㎖

🍲 **How to make**

1 부추는 3cm, 무는 3x3cm 크기로 나박 썰고 청양고추, 대파는 송송 썬다.

2 냄비에 물과 시원육수베이스를 넣고 바지락과 무를 넣고 끓인다.

3 바지락이 입을 벌리면 순두부를 넣고 끓인다.

4 대파, 부추, 청양고추를 고명으로 얹는다.

헬시스프레드베이글

비타민C와 섬유질이 많은 콜리플라워를 푹 삶아 부드럽게 만들어 건강한 스프레드를 만들었다.
섬유질이 풍부한 통밀베이글에 발라 달걀프라이와 함께 먹으면 브런치카페 메뉴가 부럽지 않다.
콜리플라워 스프레드를 미리 만들어 냉동해 놓으면 언제나 간편하게 즐길 수 있다.

📋 Ready

통밀베이글 125g, 콜리플라워 200g, 체다슬라이스치즈 15g, 베이컨 15g, 달걀 50g, 식용유 5g, 소금 한 꼬집, 후춧가루 약간

🍲 How to make

1 콜리플라워는 작은 송이로 잘라 끓는 물에 소금을 넣고 푹 삶아 뜨거울 때 치즈, 소금, 후춧가루를 넣고 으깨준다.

2 베이컨은 0.5cm 두께로 썰고 마른 팬에 바싹 구워 1에 섞는다.

  TIP 베이컨칩으로 사용해도 된다.

3 팬에 식용유를 두르고 반숙 달걀프라이를 만든다.

4 베이글을 1/2 크기로 자르고 스프레드와 달걀프라이를 얹는다.

오픈샌드위치

섬유질이 많은 호밀빵에 지방이 적고 단백한 연어를 올리고
고소하고 알싸한 맛의 루꼴라를 올려 조화로운 맛을 낸 오픈 샌드위치이다.
준비한 재료를 자연스럽게 올려 간단하지만 멋스러운 한 끼를 즐길 수 있다.

열량kcal	탄수화물g	단백질g	지방g
479	70	23	13

🧂 **Ready**

훈제연어슬라이스 50g, 호밀빵 130g, 양파 20g, 케이퍼 5g, 루꼴라 25g, 크림치즈 20g, 크러시드 페퍼(건고추) 약간, 토마토 50g

🍲 **How to make**

1 양파는 0.2cm 두께로 슬라이스 한 후 찬물에 담궈 매운맛을 뺀다.

2 토마토는 0.5cm 두께로 슬라이스 하고 루꼴라는 세척 후 물기를 빼고 빵 사이즈에 맞게 자른다.

3 팬에 호밀빵을 앞뒤로 노릇하게 굽는다.

4 구운 호밀빵 한쪽 면에 크림치즈를 바르고 그 위에 준비한 재료를 올린다.

호밀그리스식샌드위치

호밀빵과 감자로 당질을, 닭가슴살과 치즈로 단백질을 구성하여 열량을 조절한 샌드위치다.
섬유질이 많은 호밀빵과 감자를 사용하여 적은 양으로 포만감을 높여 아침 식사로 든든하다.
마요네즈는 지방 함량이 높으므로 제시된 양을 반드시 지켜야 한다.

열량kcal	탄수화물g	단백질g	지방g
490	75	21	13

📇 Ready

닭가슴살(캔) 50g, 모차렐라치즈 15g, 감자 130g, 토마토 80g, 블랙올리브(슬라이스) 10g, 청피망 10g, 호밀빵 80g, 할라피뇨 10g, 씨겨자 10g, 올리고당 10g, 마요네즈 7g, 소금 한 꼬집, 후춧가루 약간

🍲 How to make

1 닭가슴살(캔)은 체에 받쳐 물기를 제거한 후 씨겨자, 마요네즈, 올리고당, 후춧가루를 넣어 양념한다.

2 토마토와 청피망은 0.5cm 두께로 슬라이스 한다.

3 감자는 끓는 물에 소금을 넣고 삶은 후 으깬다.

4 호밀빵 1장에 준비한 재료를 올리고 나머지 호밀빵을 덮어 전자레인지에 3분간 조리한다.

콩나물오징어짬뽕

당질이 많은 면은 줄이고 아삭한 콩나물과 얇게 채 썬 오징어를 듬뿍 넣어 끓였다.
열량은 낮추고 단백질은 보충한 다이어트식 짬뽕이다.

📋 Ready

중화면 110g, 오징어 50g, 콩나물(찜용) 50g, 대파 20g, 양파 50g, 양배추 50g, 홍고추 3g, 매운 육수베이스(시판) 10g, 식용유 10g

🍲 How to make

1 양파, 양배추는 1x5cm 두께로 썰고 대파, 홍고추는 어슷썬다.

2 오징어는 0.3cm 두께로 썬다.

TIP 오징어는 파채칼을 사용하면 쉽게 썰 수 있다.

3 냄비에 식용유를 두르고 양파, 양배추를 센 불에 볶고, 물과 매운 육수베이스를 넣고 끓인다.

4 중화면, 오징어, 콩나물을 넣고 끓이고 마지막에 대파와 홍고추를 올린다.

게살케일볶음밥

게살과 달걀로 단백질을 보충하고 통곡물로 탄수화물을 보충하였다.
케일은 섬유질이 풍부하여 배변 활동에 도움이 되고,
쌉싸름한 맛이 볶음밥을 느끼하지 않고 깔끔하게 만든다.

열량kcal	탄수화물g	단백질g	지방g
498	74	22	13

🗂 Ready

현미밥 180g, 달걀 50g, 게살 80g, 케일 50g, 양파 20g, 식용유 7g, 다진 마늘 5g, 굴소스 10g, 소금 한 꼬집, 후춧가루 약간

🍲 How to make

1   케일은 1cm , 양파는 0.5cm 두께로 채 썬다.

2   팬에 식용유를 두르고 다진 마늘을 볶아 향을 내고 양파, 게살을 넣고 센 불에서 볶는다.

3   현미밥을 넣고 볶다가 굴소스, 소금, 후춧 가루로 간한다.

4   마지막에 케일을 넣고 재빨리 볶는다.

5   달걀은 반숙으로 프라이하여 곁들인다.

청양풍오리숙주볶음우동

저지방 고단백의 오리가슴살을 껍질을 제거하여 열량을 더 낮추었다.
당지수 높은 우동면은 줄이고 숙주와 부추, 양파를 충분히 넣어
푸짐하게 열량 걱정 없이 먹을 수 있는 면요리이다.

열량kcal	탄수화물g	단백질g	지방g
492	73	23	12

🍱 Ready

우동면 180g, 훈제오리가슴살 60g, 숙주 120g, 부추 40g, 식용유 10g, 청양고추 3g, 홍고추 5g, 양파 50g, 굴소스 20g, 다진 마늘 5g

🍲 How to make

1 끓는 물에 우동면을 데친 후 체에 밭쳐 놓는다.

2 훈제오리가슴살은 껍질을 떼어내고 0.5cm 두께로 썬다.

3 양파는 0.5cm 두께로 채 썰고, 부추는 3cm 길이로 썰고, 청양고추와 홍고추는 어슷 썬다.

4 팬에 식용유를 두르고 약한 불에서 다진 마늘을 볶아 향을 내고 양파, 훈제오리를 볶다가 우동면을 넣고 볶는다.

5 굴소스로 간하고 청양고추, 숙주, 부추를 넣고 센 불에서 재빨리 볶는다.

연어유부초밥

유부의 식물성 단백질과 연어의 동물성 단백질을 조화롭게 섭취할 수 있는 요리이다.
뜨거운 물에 살짝 데친 유부와 기름을 제거한 연어를 사용해 열량을 낮췄다.
여기에 파프리카, 오이로 비타민을 보충하여 영양가를 챙겨 간단하게 한 끼 먹을 수 있는 메뉴이다.

열량kcal	탄수화물g	단백질g	지방g
501	74	22	13

📋 Ready

조미 유부 80g, 연어(캔) 60g, 빨강 파프리카 20g, 노랑 파프리카 20g, 주황 파프리카 20g, 오이 20g, 현미밥 150g

🍲 How to make

1   조미 유부는 뜨거운 물에 살짝 데친 후 꼭 짜서 물기를 제거하고 양념은 따로 담는다.

2   연어(캔)은 체에 밭쳐 기름을 제거한다.

3   파프리카와 오이는 잘게 다진다.

4   볼에 현미밥, 유부 양념, 연어, 다진 채소를 넣어 섞어 유부에 채운다.

낫토마덮밥

식물성 고단백 식품 콩을 발효한 낫토와 부드럽게 사각사각한 마를 곁들여
현미밥을 부드럽게 먹을 수 있는 덮밥이다.
일본에서 건강식품으로 알려진 낫토와 마를 이용하여
다이어트로 무력해진 소화기의 활력을 주고 배변 활동에 도움을 주는 요리이다.

열량kcal	탄수화물g	단백질g	지방g
482	74	22	12

Ready

현미밥 160g, 낫토 50g, 마 50g, 무순 5g, 양상추 30g, 토마토 50g, 두부 40g, 연겨자 2g, 유자폰즈소스 5g, 후리가케 3g, 쯔유 7g

How to make

1 낫토는 연겨자와 비벼서 준비한다.

2 마는 작게 다지고, 양상추는 채 썰고 토마토와 두부는 1x1cm로 자른다.

3 무순은 씻어서 체에 밭쳐 물기를 제거한다.

4 그릇에 현미밥을 담고 준비한 비빔밥 재료를 올리고 쯔유와 유자폰즈소스를 섞어 곁들인다.

명란아보카도덮밥

부드럽고 고소한 아보카도와 명란이 어우러진 일식 덮밥이다.
숲속의 버터라고 불리는 아보카도는 열량은 높지만 적은 양으로도 포만감이 오래가고
식욕 억제 효과가 있어 다이어트에 도움이 되는 식품이다.

열량kcal	탄수화물g	단백질g	지방g
476	74	18	13

Ready

현미밥 210g, 아보카도 50g, 베이비채소 15g, 무순 5g, 방울토마토 40g, 저염명란젓 25g, 반숙란 1개(60g), 후리가케 3g

How to make

1 명란젓은 막을 제거해 명란알만 발라둔다.

2 아보카도는 껍질과 씨를 제거한 후 얇게 슬라이스하고 방울토마토는 2등분한다.

TIP 완전히 후숙되지 않은 아보카도는 독소가 있을 수 있으니 갈색을 띠고 말랑말랑해질 때까지 후숙하여 사용한다.

3 베이비채소와 무순은 씻은 후 체에 밭쳐 물기를 제거한다.

4 현미밥을 그릇에 담고 준비한 재료를 올리고 반숙란을 올려준다.

바다내음비빔밥

재료 준비부터 조리법까지 매우 간단한 비빔밥이지만 영양은 꽉 찼다.
요오드 함량이 높은 해조류와 단백질 급원인 꼬막살, 햄프씨드와 참기름으로 지방을 구성하여
영양도 열량도 완벽하다.

열량kcal	탄수화물g	단백질g	지방g
494	74	19	13

🧂 **Ready**

현미밥 150g, 꼬막살(캔) 120g, 비빔밥용 해초 10g, 오이 50g, 햄프씨드 10g, 참기름 7g, 초고추장(시판) 20g

🍲 **How to make**

1 꼬막살(캔)은 체에 받쳐 물기를 제거한 후 참기름에 버무린다.

2 오이는 0.5cm 두께로 가늘게 채 썬다.

3 해초는 찬물에 5분 정도 담궈 불린 후 체에 받쳐 물기를 뺀다.

4 그릇에 현미밥을 담고 해초, 오이, 꼬막살, 햄프씨드를 올린 후 초고추장을 곁들인다.

버섯샤브전골

듬뿍 먹고 싶은 날 추천하는 메뉴이다. 냉장고에 있는 채소를 모두 꺼내 준비하고,
통밀칼국수와 달걀죽 재료를 준비하면 만찬이 준비된다. 채소로 섬유소를 많이 섭취하니
포만감이 높고, 기름기가 적은 돼지고기 등심을 육수에 넣어 바로 먹으니 부드러운 육질을 즐길 수 있다.
다이어트에 맘껏 할 수 없는 외식이 부럽지 않은 푸짐한 한 끼이다.

열량kcal	탄수화물g	단백질g	지방g
503	75	22	13

🗂 **Ready**

돼지고기 등심(슬라이스) 50g, 당근 20g, 표고버섯 30g, 느타리버섯 30g, 팽이버섯 30g, 목이버섯 5g, 배추 50g, 청경채 20g, 숙주 20g, 대파 20g, 통밀칼국수 70g, 현미밥 50g, 달걀 25g, 샤브샤브용 육수(시판) 400㎖

🍲 **How to make**

1 대파는 반으로 가른 후 5cm 길이로 썰고, 배추와 청경채는 대파와 비슷한 크기로 썬다.

2 표고버섯은 채 썰고, 느타리버섯과 팽이버섯은 밑동을 자른다.

3 목이버섯은 찬물에 담가 1시간 이상 불린다.

4 돼지고기와 통밀칼국수, 현미밥, 달걀은 따로 준비한다.

5 냄비에 준비한 채소와 돼지고기를 가지런히 담고 샤브샤브용 육수를 부어 끓인다.

6 육수가 끓으면 통밀칼국수를 넣어 익혀 완성한다.

7 남은 국물에 현미밥과 달걀을 넣고 죽을 끓여 먹는다.

도토리묵어묵면떡볶이

떡볶이가 먹고 싶지만 당질 때문에 망설였다면
떡의 양을 줄이고 건조도토리묵을 넣고, 라면사리 대신 단백질이 풍부한 어묵면을 넣으면
열량이 높지 않게 조리한 떡볶이를 한 끼로 먹을 수 있다.

열량kcal	탄수화물g	단백질g	지방g
476	74	18	12

🍶 Ready

건조도토리묵 80g, 어묵면 140g, 떡볶이떡 60g, 양배추 60g, 대파 20g, 삶은 달걀 60g, 떡볶이 양념(시판) 50g, 물 300㎖

TIP 떡볶이 양념 재료: 고추장 9g, 고춧가루 10g, 설탕10g, 간장10g, 올리고당 5g, 물 5g, 후춧가루 약간

🍲 How to make

1 건조도토리묵은 찬물에 1시간 이상 불린다.

2 양배추, 대파는 1x5cm 크기로 썬다.

3 어묵면은 끓는 물에 데쳐 기름기를 줄인다.

4 팬에 떡볶이 양념과 분량의 물, 불린 도토리묵을 넣고 10분 정도 끓이다 나머지 재료를 넣고 5분 정도 더 끓인다.

포두부말이

포두부는 콩의 입자를 두부보다도 곱게 갈아 만든 식품으로
콩의 영양이 그대로 농축되어 다이어트에 효과적이다. 고단백 포두부에 현미밥을 넣어 만든
미니김밥과 새우를 넣어 구워낸 새우롤은 손님 초대 메뉴로 추천할 만한 요리이다.

열량kcal	탄수화물g	단백질g	지방g
484	70	24	12

📋 Ready

포두부롤밥: 현미밥 160g, 포두부(생식용) 30g, 단무지 20g, 부추 15g, 당근 15g, 참기름 2g, 소금 한 꼬집

포두부새우만두: 포두부(생식용) 30g, 새우 80g, 표고버섯 30g, 부추 10g, 달걀 10g, 전분 10g, 식용유 5g, 소금 1g, 후춧가루 약간

연겨자장: 연겨자 2g, 올리고당 2g, 식초 2g, 간장 6g

🍲 How to make - 포두부롤밥

1 따뜻한 현미밥에 참기름, 소금으로 밑간한다.

2 당근은 가늘게 채 썰고, 부추와 단무지는 포두부 길이로 썬다.

3 포두부(생식용)에 밑간한 밥과 단무지, 부추, 당근을 넣고 말아준다.

TIP 포두부는 제품 종류에 따라 끓는 물에 살짝 데쳐 사용한다.

4 연겨자장을 곁들인다.

🍲 How to make - 포두부새우만두

1 새우, 표고버섯, 부추는 다진다.

2 볼에 다진 재료를 넣고 달걀, 전분, 소금, 후춧가루를 넣고 반죽하여 만두소를 만든다.

TIP 만두소는 커터기를 사용하면 간편하게 만들 수 있다.

3 포두부(생식용)에 만두소를 넣고 돌돌 말아준다.

4 팬에 식용유를 두르고 약한 불에서 익혀준다.

치킨스크램블덮밥

다이어트 기간 동안 닭가슴살과 달걀에 질렸다면 색다르게 단백질을 보충할 수 있는 요리를 소개한다.
부드럽게 스크램블로 만든 달걀과 아삭한 양상추을 현미밥에 올려 먹는 덮밥이다.
열량 낮은 스리라차소스를 곁들여 알싸한 매운맛으로 포인트를 주었다.

열량kcal	탄수화물g	단백질g	지방g
484	72	22	12

📋 **Ready**

현미밥 210g, 달걀 50g, 훈제닭가슴살 40g, 올리브오일 5g, 우유 20㎖, 양상추 30g, 베이비채소 10g, 스리라차소스 20g, 소금 한 꼬집, 후춧가루 약간

🍲 **How to make**

1 볼에 달걀, 우유, 소금, 후춧가루를 넣고 섞는다.

2 팬에 올리브오일을 두르고 1을 부어 스크램블드 에그를 한다.

3 양상추는 0.5cm 두께로 채 썰고 훈제닭가슴살은 전자레인지에 3분간 데워 0.5cm 두께로 채 썬다.

4 그릇에 현미밥, 스크램블드 에그, 훈제닭가슴살, 베이비채소를 담고 스리라차소스를 곁들인다.

콥라이스

특별히 별도의 요리가 필요 없는 재료로만 구성한 아주 초간단 메뉴이다.
달걀은 삶기 귀찮으면 그냥 생으로 넣고 비벼도 괜찮다.
마지막에 참기름 한 방울 똑 떨어뜨려 비비면 고소한 맛에 한 그릇 뚝딱이다.

열량kcal	탄수화물g	단백질g	지방g
480	71	22	12

🍱 Ready

퀴노아밥 140g, 애호박 40g, 강낭콩(캔) 30g, 김자반 10g, 스위트콘(캔) 30g, 삶은 달걀 50g, 양파 20g, 참치(캔) 25g, 볶음 고추장(시판) 25g

🍲 How to make

1 애호박은 0.5cm 두께로 부채썰기하고, 양파는 0.5cm 채 썰어 찬물에 담궈 매운맛을 뺀다.

2 강낭콩, 스위트콘, 참치는 체에 밭쳐 물기를 뺀다.

3 애호박은 팬에 살짝 굽는다.

TIP 전자레인지에 1분 정도 익히면 간단하다.

4 참치와 볶음 고추장을 섞는다.

5 그릇에 밥을 담고 준비한 재료와 달걀을 올린다.

TIP 달걀은 8~9분 정도 삶아 반숙란으로 조리하여 곁들이면 부드럽게 섞어 먹을 수 있다.

굴포두부오일파스타

파스타면을 줄여 당질을 줄이고 포두부를 추가하여 단백질을 높였다.
기름에 볶아 쫄깃해진 포두부 식감과 훈제굴의 감칠맛이 파스타의 풍미를 높인다.

열량kcal	탄수화물g	단백질g	지방g
488	72	23	12

🍽 Ready

시금치페투치니 85g, 포두부 25g, 훈제굴(캔) 40g, 마늘 20g, 양파 50g, 올리브오일 5g, 파메르산 치즈 가루 5g, 소금 한 꼬집, 후춧가루 약간, 크러시드 페퍼(건고추) 약간

🍲 How to make

1 시금치페투치니는 삶아 체에 밭쳐 물기를 뺀다.

2 포두부는 면과 비슷한 두께로 썰고, 마늘은 편으로 슬라이스하고 양파는 얇게 썬다.

3 팬에 올리브오일을 두르고 마늘을 넣어 약한 불에 볶는다.

4 마늘이 노릇노릇해지면 굴을 넣어 익힌 후 시금치페투치니, 포두부를 넣고함께 볶는다.

5 소금, 후춧가루, 크러시드 페퍼(건고추)로 간하고 접시에 담아 파메르산 치즈 가루를 뿌린다.

렌틸콩단호박리소토

고소한 맛의 렌틸콩과 달콤한 단호박을 함께 즐길 수 있는 심플한 리소토이다.
렌틸콩밥은 완제품을 사용하고 단호박은 전자레인지에 익혀 끓이면 리소토 완성이다.
닭가슴살의 단백질과 렌틸콩, 단호박의 섬유질이 다이어트에 도움을 준다.

열량kcal	탄수화물g	단백질g	지방g
494	75	24	12

📋 **Ready**

렌틸콩밥 140g, 단호박 80g, 수비드 닭가슴살 50g, 양송이 30g, 양파 50g, 우유 200㎖, 버터 5g, 소금 한 꼬집, 후춧가루 약간

🍲 **How to make**

1 단호박은 내열용기에 담아 전자레인지에 7분간 익히고 껍질을 제거한 후 으깬다.

2 양송이, 양파는 0.5cm 두께로 슬라이스하고 수비드 닭가슴살은 1x1cm 크기로 썬다.

3 냄비에 버터를 녹이고 양파와 버섯을 볶다가 갈색 빛이 돌면 렌틸콩밥을 넣어 볶는다.

4 3에 수비드 닭가슴살, 우유, 으깬 단호박을 넣어 끓이다가 소금, 후춧가루로 간한다.

어니언비프파히타

양파는 열량이 낮고 수분이 많아 다이어트에 도움이 된다.
간편하게 구입할 수 있는 양념 소고기에 양파를 듬뿍 넣어 짠맛을 낮췄다.
다양한 채소를 통밀토르티야에 싸서 먹어
단백질, 비타민, 섬유질을 풍부하게 섭취할 수 있는 요리이다.

열량kcal	탄수화물g	단백질g	지방g
484	72	21	12

🥫 Ready

통밀토르티야 90g, 소불고기(양념육) 80g, 노랑 파프리카 60g, 양파 100g, 양상추 40g, 토마토 100g, 과카몰리(시판) 20g, 무가당저지방그리스요구르트 20g, 파프리카 파우더 5g, 식용유 2g

🍲 How to make

1   노랑 파프리카, 양파, 양상추, 토마토는 0.5cm 두께로 채 썬다.

2   팬에 식용유를 두르고 약한 불에서 양파가 갈색으로 변할 때까지 볶다가 소불고기 양념육, 파프리카 파우더를 넣고 바싹 볶는다.

3   마른 팬에 토르티야를 노릇하게 구운 후 4 등분한다.

4   토르티야에 준비해둔 파프리카, 양상추, 토카토와 소불고기를 올리고 과카몰리와 무가당저지방그리스요구르트를 곁들인다.

시금치고구마피자

다이어트를 할 때 제한된 음식만 섭취해야 한다는 선입견을 깨는 요리이다.
베타카로틴이 풍부한 시금치를 듬뿍 얹고, 올리브오일과 파메르산 치즈를 뿌리면
화덕 없이도 이국적인 피자를 즐길 수 있다.

열량kcal	탄수화물g	단백질g	지방g
489	73	23	12

📇 **Ready**

통밀토르티야 25g, 미니 군고구마(시판) 150g, 닭가슴살소시지 50g, 시금치 20g, 토마토 60g, 모차렐라치즈 30g, 파메르산 치즈 가루 5g, 토마토소스 60g, 올리브오일 3g

🍲 **How to make**

1 시금치는 씻은 후 체에 밭쳐 물기를 제거하고, 미니군고구마와 토마토는 한입 크기로 썬다.

2 닭가슴살 소시지는 0.5cm 두께로 슬라이스하여 기름 없이 팬에 굽는다.

3 팬에 토르티야를 깔고 토마토소스를 바른다.

4 3에 모차렐라치즈를 뿌리고 치즈가 녹을 때까지 약한 불에 굽는다.

5 4에 닭가슴살소시지, 토마토, 미니 군고구마, 시금치를 올리고 올리브오일와 파메르산 치즈 가루를 뿌린다.

바삭닭가슴살파스타샐러드

신선한 샐러드에 바삭한 현미누룽지와
닭가슴살을 기름 없이 바삭하게 구운 닭가슴살칩을 토핑하여 씹는 맛을 주고,
통밀파스타와 현미누룽지로 고품질의 식이섬유를 주어 포만감을 높인다.

열량kcal	탄수화물g	단백질g	지방g
500	75	23	12

📋 **Ready**

통밀푸실리 75g, 닭가슴살칩 15g, 현미누룽지 30g, 리코타치즈 30g, 방울토마토 100g, 블랙올리브(슬라이스) 20g, 샐러드믹스 50g, 발사믹드레싱 30g, 올리브오일 2g

🍲 **How to make**

1 샐러드믹스는 찬물에 헹군 후 체에 밭쳐 물기를 제거하고 방울토마토는 1/2 크기로 잘라 함께 담아둔다.

2 끓는 물에 올리브오일을 넣고 통밀푸실리를 삶아 건져 체에 밭친 후 차갑게 식힌다.

3 그릇에 통밀푸실리를 담고 샐러드믹스, 블랙올리브, 방울토마토, 리코타치즈를 골고루 담은 후 닭가슴살칩과 현미누룽지를 올리고 발사믹드레싱을 곁들인다.

쌀떡프리타타

프리타타는 달걀에 갖가지 재료를 넣어 만드는 이탈리아식 오믈렛이다.
달걀, 우유, 치즈로 다이어트 시 필요한 질 좋은 단백질을 보충할 수 있고,
떡과 감자로 당지수는 낮게 당질을 보충할 수 있는 간단하지만 든든한 한 끼이다.

열량kcal	탄수화물g	단백질g	지방g
498	72	21	14

🥢 Ready

쌀떡 100g, 감자 70g, 달걀 80g, 양파 20g, 브로콜리 20g, 빨강 파프리카 10g, 우유 80㎖, 버터 5g, 파메르산 치즈 가루 2g, 소금 1g, 후춧가루 약간

🍲 How to make

1 볼에 달걀, 우유, 소금, 후춧가루를 넣고 섞는다.

2 감자, 양파, 빨강 파프리카, 브로콜리는 3x3cm 크기로 썬다.

3 내열용기에 감자와 버터를 넣고 전자레인지에서 3분간 익힌다.

4 3에 1, 2에서 준비한 재료와 쌀떡을 넣고 전자레인지에 10분간 조리한 후 꺼내어 파메르산 치즈 가루를 뿌린다.

TIP 쌀떡 대신 현미떡을 사용하면 당지수를 더 낮출 수 있다.

간식

100 ~ 200
kcal   kcal

콩비지새우쿠키

단백질이 풍부한 콩비지를 넣어 출출할 때 부담스럽지 않게 먹을 수 있는 간식이다.

소금을 넣지 않고 건새우를 갈아 넣어 짜지 않고 고소하다.

바로 구웠을 때는 머랭 쿠키처럼 바삭하고 두고 먹으면 쫄깃한 식감을 느낄 수 있다.

분량	1회 섭취량	열량kcal	탄수화물g	단백질g	지방g
12개	4개	114	19	7	2

📋 Ready

콩비지 150g, 통밀가루 75g, 건새우 15g, 베이킹파우더 2g, 달걀 30g

🍲 How to make

1 건새우는 물에 1시간 정도 불려 물기를 제
거한 후 곱게 다진다.

2 볼에 콩비지, 건새우, 통밀가루, 베이킹파
우더, 달걀을 넣고 반죽한다.

TIP 콩비지에 물기가 없다면 물을 추가하여 반
죽이 되지 않게 한다.

3 오븐 팬에 유산지를 깔고 쿠키 반죽을 1큰
술씩 떠서 펴고, 12개를 완성한다.

TIP 짤주머니를 이용하면 편리하다.

4 170℃로 예열한 오븐에서 20분간 굽는다.

캐슈넛대추바

콜레스테롤은 없고 섬유질이 많은 캐슈넛과
적은 양으로도 에너지원이 되는 대추야자로 만든 에너지바이다.
식사 조절로 기운이 없을 때 충분한 물과 함께 먹으면 힘이 나는 간식이다.

조리시간 30분 | **난이도** ★☆☆

분량	1회 섭취량	열량kcal	탄수화물g	단백질g	지방g
10개	1개	127	14	3	8

Ready

캐슈넛 160g, 대추야자 130g

How to make

1 대추야자는 씨를 발라 과육만 곱게 다지고 캐슈넛은 씹히는 맛이 있을 정도로 다진다.

TIP 푸드프로세서를 이용하면 쉽게 다질 수 있다.

2 볼에 다진 대추야자와 캐슈넛을 넣고 반죽 하듯이 뭉친다.

3 네모난 틀에 유산지를 깔고 반죽을 1cm 두께로 편다.

4 냉동실에 넣어 1시간 정도 굳힌 후 스틱 모양으로 잘라 10개를 완성한다.

TIP 1개씩 유산지나 랩으로 포장해두면 서로 붙지 않게 보관할 수 있다.

병아리콩스낵

4가지 시즈닝으로 다양한 맛을 즐길 수있는 간식이다.
열량이 낮고 포만감이 오래가 과식을 막을 수 있고 식이섬유가 많아 변비 예방에 도움이 된다.

1회 섭취량g	열량kcal	탄수화물g	단백질g	지방g
50	139	16	3	6

🧴 Ready

병아리콩(캔) 50g, 올리브오일 5g

시즈닝재료:

허니시나몬맛(27kcal): 꿀 5g, 설탕 3g, 계피가루 0.5g

참깨맛(24kcal): 참기름 2g, 마늘가루 1g, 소금 0.5g, 볶음참깨 0.5g,

매운맛(33kcal): 고운고춧가루 2g, 스리라차소스 5g, 설탕 2g, 후춧가루 0.1g, 소금 1g

바베큐맛(40kcal): 파프리카 파우더 2g, 쿠민 0.5g, 칠리파우더 0.5g, 마늘가루 0.5g, 소금 0.5g, 설탕 2g

🍲 How to make

1 병아리콩(캔)은 껍질을 벗겨 키친타월로 물기를 제거한다.

2 볼에 병아리콩과 올리브오일을 넣고 골고루 섞는다.

3 오븐 팬에 유산지를 깔고 병아리콩을 펼쳐 담는다.

4 200℃로 예열한 오븐에서 20~25분 정도 굽는다. 이때 10분마다 오븐 팬을 흔들어 골고루 구워지게 한다.

5 볼에 4가지 시즈닝 재료를 각각 담아두고 구운 병아리콩을 1/4씩 넣어 각각의 시즈닝 재료를 골고루 묻힌다.

TIP 허니시나몬맛으로 시즈닝한 스낵은 200℃로 예열한 오븐에서 3분 정도 더 굽는다.

＊ 완성 4가지맛 열량 - 허니시나몬맛 166kcal/ 참깨맛 163kcal/ 매운맛 172kcal/ 바베큐맛 179kcal

케일칩

풍부한 식이섬유와 항암 효과로 각광을 받고 있는 케일은 다이어트에도 훌륭한 식재료이다.
케일칩은 스낵처럼 바삭하게 구워 만든 것으로 케일에 올리브오일을 첨가하여
비타민 A, 카로틴 등 지용성 비타민의 흡수율을 높였다.

⏰ 조리시간 30분 | 난이도 ★☆☆

📋 Ready

케일 80g, 올리브오일 5g, 소금 1g, 후춧가루 약간

🍲 How to make

1 케일은 1/4 크기로 자른다.

2 볼에 손질한 케일과 올리브오일, 소금, 후 춧가루를 넣고 골고루 섞는다.

3 100℃로 예열한 오븐에서 15분간 굽는다.

4 오븐에서 꺼내어 식힌다.

카카오채소칩

채소를 건조하면 영양분이 농축되어 적은 양을 섭취하여도 영양은 보충할 수 있어 체중 조절 시 간식으로 적당하다.
건조 채소칩은 충분한 물과 함께 섭취하면 식이섬유의 역할을 도우며,
당 성분이 낮은 다크초콜릿과 카카오닙스를 입혀 카카오의 쌉싸름한 맛이 채소의 단맛을 한층 더 높여준다.

분량	열량kcal	탄수화물g	단백질g	지방g
1회	87	13	2	3

🔪 **Ready**

양송이버섯 20g, 연근 20g, 당근 20g, 쥬키니호박 20g, 단호박 20g, 다크초콜릿(코코아함량 70%) 15g, 카카오닙스 5g

🍲 **How to make**

1 양송이버섯, 연근, 당근, 쥬키니호박, 단호박은 0.3cm 두께로 썬다.

2 100℃로 예열한 오븐에서 25분간 굽는다.

TIP 식품건조기를 사용해도 좋다.

3 중탕으로 다크초콜릿을 녹인다.

4 카카오닙스는 커터기에 넣고 잘게 자른다.

TIP 카카오닙스의 쌉싸름한 맛이 좋다면 그대로 사용해도 좋다.

5 구운 채소에 다크초콜릿을 약간 묻히고 카카오닙스를 뿌려 굳혀 완성한다.

오트밀사과컵케이크

섬유질이 많은 전곡류 오트밀을 사용한 포만감 높은 간식이다.
첨가당을 넣지 않고 사과와 바나나로 단맛을 내고,
소량의 코코넛오일을 넣어 열량은 낮추고 풍미는 가득 채운 컵케이크이다.

분량	1회 섭취량	열량kcal	탄수화물g	단백질g	지방g
6개	1개	170	32	4	4

Ready

오트밀 170g, 달걀 60g, 코코넛오일 10g, 무가당아몬드밀크 150㎖, 사과 200g, 바나나 60g, 베이킹파우더 1g, 시나몬가루 1g

How to make

1 사과는 다지고 바나나는 으깬다.

2 볼에 준비한 모든 재료를 넣고 섞는다.

3 6구 머핀틀에 재료를 7부 정도 부어 컵케익 6개를 만들고, 180℃로 예열한 오븐에서 20분간 굽는다.

4 오븐에서 꺼내어 식힌다.

퀴노아에그베이크

고단백의 퀴노아와 달걀로 다이어트에 필요한 식물성, 동물성 단백질의 균형을 맞춘 간식이다.
넉넉히 만들어 놓고 냉동 보관하였다가 전자레인지에 20초 정도 데우면 간편하게 먹을 수 있다.

분량	1회 섭취량	열량kcal	탄수화물g	단백질g	지방g
6개	1개	80	9	5	3

🍴 Ready

퀴노아 60g, 달걀 90g, 달걀흰자 120g, 올리브오일 6g, 양파 45g, 토마토 60g, 홍피망 15g, 청피망 15g, 소금 1g, 후춧가루 약간

🍲 How to make

1 양파, 토마토, 홍피망, 청피망은 잘게 다진다.

2 다진 재료에 달걀, 달걀흰자, 소금, 후춧가루를 넣고 섞는다.

3 6구 머핀틀에 올리브오일을 바르고 먼저 퀴노아를 깔고 섞은 재료를 7부 정도 부어 6개가 완성되도록 준비한다.

4 170℃로 예열한 오븐에서 15분 구운 후 꺼내어 머핀틀에 그대로 두고 10분 정도 식힌다.

TIP 굽기 완료 후 바로 꺼내지 않고 틀에서 식히면 퀴노아가 좀 더 부드러워진다.

TIP 케이크를 구울 때 오븐에서 꺼내기 전 젓가락으로 가운데를 찔러 반죽이 묻어나오지 않으면 익은 것이다.

통밀바나나당근케이크

정제된 밀가루보다 당지수가 낮은 통밀가루를 사용하고
설탕 대신 메이플시럽과 바나나, 당근으로 단맛을 내어 열량을 낮춘 간식이다.
완성된 케익은 조각을 내어 냉동 보관했다가 먹을 때 상온에서 해동 후 전자렌지에 20초 정도 데우면
방금 구워낸 케이크처럼 즐길 수 있다.

🕐 조리시간 45분 | 난이도 ★★☆

📋 **Ready**

통밀가루 100g, 메이플시럽 50g, 달걀 60g, 코코넛오일 8g, 무가당저지방그리스요구르트 20g, 무가당아몬드밀크 50g, 당근 120g, 바나나 60g, 베이킹파우더 1g, 베이킹소다 1g, 시나몬가루 1g, 소금 1g

TIP 조각 수를 늘려 1조각의 칼로리를 낮출 수 있다.

🍲 **How to make**

1   바나나는 으깨고, 당근은 다진다.

2   통밀가루, 베이킹파우더, 베이킹소다, 시나몬가루를 섞어 체 친다.

3   볼에 달걀, 무가당저지방그리스요구르트, 코코넛오일, 무가당아몬드밀크, 메이플시럽, 소금을 넣고 거품기로 섞는다.

4   1, 2, 3을 함께 섞는다.

5   케이크틀 또는 내열용기에 코코넛오일을 바르고 반죽을 부어 180℃로 예열한 오븐에 20분간 굽는다.

5   오븐에서 꺼내어 식힌다.

261

메밀쿠키

식이섬유와 단백질이 많이 함유된 메밀가루와 통밀가루로 만든 반죽을 바삭하게 구워
씹을수록 고소한 메밀향이 좋은 쿠키이다.
메밀쿠키 4개와 우유나 두유 한 잔이면 든든한 간식이 된다.

분량	1회 섭취량	열량kcal	탄수화물g	단백질g	지방g
30개	8개	164	25	3	6

🥄 Ready

메밀가루 70g, 통밀가루 30g, 마스코바도(갈색설탕, 비정제당) 20g, 검정깨 5g, 카놀라유 20g,
베이킹파우더 0.5g, 소금 1g, 물 30㎖

TIP 메밀쿠키 4조각+ 우유 or 두유 섭취 시 열량: 206kcal

🍲 How to make

1 물에 설탕, 소금을 넣어 녹인 후 카놀라유
   를 넣고 섞는다.

2 메밀가루, 통밀가루, 베이킹파우더를 체
   에 쳐서 넣고 검정깨를 넣어 한 덩어리로
   반죽한다.

3 반죽을 밀대로 5mm 두께로 펴서 틀로 찍
   어 30개를 만든다.(틀이 없으면 3x3cm
   크기의 정사각형으로 30개로 자른다.)

   TIP 쿠키커터로 사용하면 다양한 모양을 만들 수
   있다.

4 170℃로 예열한 오븐에서 10분간 구운
   후 꺼내어 한 김 식힌다.

아몬드쿠키

밀가루를 사용하지 않고 단백질과 섬유질이 많은 아몬드가루로 만든
저당질 간식으로 코코넛롱을 넣어 식감을 높였다.
열량이 높아 하나만 먹어도 포만감을 주므로 과도한 양의 섭취는 주의해야 한다.

분량	1회 섭취량	열량kcal	탄수화물g	단백질g	지방g
8개	1개	151	7	3	14

Ready

아몬드가루 60g, 코코넛롱 50g, 코코넛오일 40g, 메이플시럽 40g, 달걀 60g

How to make

1 볼에 코코넛오일, 메이플시럽, 달걀을 넣고 거품기로 섞는다.

2 1에 아몬드가루와 코코넛롱을 넣고 섞어 반죽한다.

3 오븐 팬에 종이호일을 깔고 반죽을 8개로 나누어 동글납작하게 만든다.

4 180℃로 예열한 오븐에서 10분간 구운 후 한 김 식힌다.

고소한그래놀라바

현미, 율무, 귀리 등 전곡류와 견과류를 꿀이나 메이플시럽을 첨가해
오븐에 구운 아침 식사용 그래놀라(Granola)를 간단히 먹을 수 있는 바로 만들었다.
전곡류를 사용하여 당지수가 낮고 섬유질이 많아 포만감이 높으며
고소한 식감으로 식사 간 사이 간식으로 제격이다.

분량	1회 섭취량	열량kcal	탄수화물g	단백질g	지방g
10개	1개	73	14	2	2

🍱 **Ready**

볶은 현미 20g, 볶은 율무 20g, 볶은 귀리 20g, 볶은 검은콩 20g, 아몬드슬라이스 20g, 해바라기씨 10g, 크렌베리 15g, 건자두 20g, 버터 5g, 메이플시럽 40g

🍲 **How to make**

1 건자두와 크렌베리는 굵게 다진다.

2 약한 불로 달군 팬에 버터와 메이플시럽을 넣고 버터가 녹으면 그래놀라 재료를 모두 넣고 섞는다.

3 낮은 그릇에 유산지를 깔고 납작하게 눌러 편다.

4 냉장고에 넣어 1시간 정도 굳힌 후 스틱모양으로 10개로 잘라 완성한다.

TIP 유산지 또는 랩으로 낱개 포장하면 편리하게 보관할 수 있다.

두부브로콜리와플

정제된 흰밀가루 대신 볶은 귀리가루와 두부로 반죽해
쫄깃한 식감과 고소한 맛이 일품인 간식이다.
설탕을 사용하지 않아 당지수가 낮고 조금만 먹어도
포만감이 유지되어 식욕 감소에 큰 도움을 준다.

Ready

두부 80g, 브로콜리 40g, 볶은 귀리가루 50g, 참기름 3g, 검은깨 2g, 소금 한 꼬집

How to make

1 두부는 으깬다.

2 브로콜리는 살짝 데쳐서 물기를 제거하고 다진다.

3 볼에 모든 재료를 넣고 섞는다.

4 반죽을 2등분하여 와플메이커에 넣고 10 분간 구워 2개를 완성한다.

콜리플라워그라탕

콜리플라워는 섬유질이 풍부하여 포만감이 높고 변비 예방에 도움이 되는 식재료이다.
열량이 낮은 콜리플라워를 많이 넣어 푸짐하며 당질은 적고 단백질은 많은 건강 간식이다.

분량	열량kcal	탄수화물g	단백질g	지방g
1회	207	18	9	11

🧂 Ready

콜리플라워 200g, 빵가루 10g, 파메르산 치즈 가루 10g, 생크림 10g, 버터 4g, 저지방우유 20g, 소금 한 꼬집, 후춧가루 약간

🍲 How to make

1 콜리플라워는 작은 송이로 잘라 부드럽게 삶은 후 체에 밭쳐 물기를 제거한다.

2 볼에 생크림, 버터, 소금, 후춧가루, 파메르산 치즈 가루 5g을 넣고 섞는다.

3 그라탕 그릇에 콜리플라워를 담고 2의 소스를 뿌리고 빵가루와 파메르산 치즈 가루 5g을 골고루 덮는다.

4 190℃로 예열한 오븐에서 7분간 굽는다.

고구마사과와플

정제된 흰밀가루 대신에 섬유질이 많은 고구마에 사과를 더해 만든 좋은 당질로 구성한 와플이다.
고구마, 사과의 단맛과 향긋한 시나몬 가루의 조화는 사과파이를 연상케한다.

⏰ 조리시간 35분 | 난이도 ★☆☆

분량	1회 섭취량	열량kcal	탄수화물g	단백질g	지방g
4개	1개	97	20	2	1

🥄 **Ready**

고구마 200g, 사과 100g, 달걀 55g, 시나몬 가루 1g, 소금 1g

🍲 **How to make**

1 사과와 고구마는 깨끗이 씻어 껍질째 채 썬다.

2 고구마는 달군 팬에 볶는다.

3 볼에 볶은 고구마, 사과, 달걀, 시나몬 가루, 소금을 넣고 섞어 반죽한다.

4 반죽을 4등분하여 와플메이커에 넣고 10분간 구워 4개를 완성한다.

TIP 와플메이커가 없다면 머핀틀에 반죽을 채워 180℃로 예열한 오븐에 10분간 굽거나, 코팅이 잘된 프라이팬에서 타지 않게 구워준다.

버섯파운드케이크

통밀가루에 버섯, 시금치, 브로콜리를 듬뿍 넣어 식이섬유가 풍부하고 달걀을 많이 넣어 포만감을 높인 케이크이다.
완성한 케이크를 잘라 낱개로 포장하여 냉동 보관했다가 먹을 때 필요한 양만큼 꺼내 상온에서 해동한 후
전자레인지에 30초 정도 데워 먹으면 맛도 좋고 든든하다.

⏰ 조리시간 60분 | 난이도 ★★★

분량	1회 섭취량	열량kcal	탄수화물g	단백질g	지방g
10조각	1조각	133	11	6	7

🍽 Ready

애느타리버섯 50g, 양송이버섯 50g, 표고버섯 50g, 시금치 200g, 브로콜리 50g, 통밀가루 100g, 올리브오일 50g, 달걀 180g, 파메르산 치즈 가루 25g, 체다치즈 20g, 베이킹파우더 5g

🍲 How to make

1 시금치와 브로콜리는 데쳐서 물기를 짜고, 브로콜리는 다진다.

2 애느타리버섯은 가닥가닥 가르고, 양송이 버섯과 표고버섯은 슬라이스하여 끓는 물 에 데친 후 물기를 꼭 짠다.

3 볼에 올리브오일, 달걀을 넣어 거품기로 섞는다.

4 통밀가루와 베이킹파우더를 체에 쳐서 3 에 넣고 주걱으로 살살 섞는다.

5 4에 준비한 채소와 파메르산 치즈 가루, 체다치즈를 넣고 함께 섞는다.

6 틀에 오일을 바르고 반죽을 부은 후 180℃ 로 예열한 오븐에서 35분간 굽는다.

7 오븐에서 꺼내어 충분히 식힌 후 10조각 으로 자른다.

촉촉한비트브라우니

초콜릿이 그리운 다이어터에게 알맞은 간식으로 통밀가루보다 비트를 많이 넣어 일반 브라우니보다 열량을 낮췄다.
비트를 무르게 익혀 반죽해 식감이 촉촉하고 부드러우며, 코코아함량 70%의 다크초콜릿을 넣어
당이 낮고 쌉싸름한 맛이 비트의 맛과 조화를 이룬다.

분량	1회 섭취량	열량kcal	탄수화물g	단백질g	지방g
9조각	1조각	147	17	4	7

📋 Ready

비트 300g, 통밀가루 100g, 버터 50g, 메이플시럽 50g, 달걀 180g, 다크초콜릿 125g, 코코아파우더 10g, 인스턴트커피 가루 30g, 베이킹파우더 2g

🍲 How to make

1 비트는 껍질을 벗겨 자르고 전자렌지용 그릇에 넣어 전자레인지에 3분 정도 익힌 후 믹서에 간다.

2 다크초콜릿은 다진다.

3 볼에 상온에 둔 버터와 설탕을 넣고 거품기로 섞고, 달걀을 1개씩 넣어 거품기로 크림처럼 섞는다.

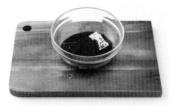

4 3에 비트와 인스턴트커피 가루를 넣고 섞는다.

5 4에 통밀가루, 코코아파우더, 베이킹파우더를 체에 쳐서 넣고 다크초콜릿을 넣어 주걱으로 살살 섞는다.

6 틀에 유산지를 깔고 반죽을 7부 정도 붓는다.

7 180℃로 예열한 오븐에서 45분간 구운 후 꺼내어 충분히 식혀 9조각으로 자른다.

TIP 완성한 브라우니에는 비트가 첨가되어 있으므로 냉장 또는 냉동 보관해야 한다.

분량	열량kcal	탄수화물g	단백질g	지방g
1회	206	24	6	11

햄프씨드바나나볼

햄프씨드는 불포화지방산이 풍부하여 나쁜 콜레스테롤 수치를 낮추는데 도움을 주고
섬유질이 풍부하여 변비 예방에도 효과적인 식재료이다.
겉껍질을 제거한 햄프씨드는 고소하고 부드러운 식감으로 잣과 맛이 유사하며 바나나와 잘 어울린다.

🔪 Ready

햄프씨드 10g, 바나나 100g

🍲 How to make

1 바나나를 토막낸다.

2 바나나 양쪽 면에 햄프씨드를 묻힌다.

분량	열량kcal	탄수화물g	단백질g	지방g
1회	164	25	5	6

오트밀요구르트

귀리를 볶아 거칠게 부수거나, 납작하게 눌러 소화가 잘되는 오트밀은 단시간에 조리가 가능한 식품이다.
당이 낮고 단백질은 높은 그리스요구르트에 섬유질이 풍부한 오트밀을 섞으면
포만감도 높고 변비 예방에 도움이 되는 간식이 된다.

🧂 **Ready**

오트밀 40g, 무가당저지방그리스요구르트 80g, 무가당아몬드밀크 100㎖, 바나나 30g, 블루베리 20g, 아몬드 10g

🍲 **How to make**

1 용기에 오트밀, 무가당저지방 그리스요구르트, 무가당아몬 드밀크를 넣고 골고루 잘 저어 냉장고에 하룻밤 불린다.

2 바나나는 슬라이스한다.

3 불린 오트밀에 바나나, 블루베 리, 아몬드를 올린다.

⏱ 조리시간 10분 | 난이도 ★☆☆

건포도우유

우유에 건포도를 첨가하여 맛과 영양을 업그레이드해 먹을 수 있는 간식이다.
건과일은 수분이 줄어 열량은 높지만 적은 양으로도 풍미를 높이고
식이섬유를 섭취할 수 있어 변비 예방에 도움이 된다.

🧂 **Ready**

건포도 20g, 우유 150㎖

🍲 **How to make**

1 건포도를 우유에 넣고 하룻밤 불린다.

2 믹서에 1을 넣고 갈아준다.

⏰ 조리시간 15분 | 난이도 ★☆☆

씨드푸딩

영양소가 풍부한 치아씨드를 요구르트에 넣어 불리면 푸딩과 같은 식감을 준다.
과일로 단맛을 보충하고 아몬드 등 견과류로 고소함을 더하면
위에 부담은 덜하면서 포만감을 주는 맛있는 간식이 된다.

📋 **Ready**

무가당플레인요구르트(액상) 100㎖, 치아씨드 10g, 바나나 30g, 사과 30g, 키위 20g, 아몬드 10g

🍴 **How to make**

1 무가당플레인요구르트(액상)에 치아씨드를 섞어 냉장고에서 1시간 이상 불린다.

2 바나나, 사과, 키위를 슬라이스하고 아몬드는 1/2크기로 자른다.

3 치아씨드와 무가당플레인요구르트가 푸딩처럼 단단하게 섞이면 과일을 올린다.

하루 1,500kcal에 맞춰 골라먹는
일주일 식사 가이드

	월	화	수
아침	고구마콩비지수프 289kcal + 아몬드쿠키 151kcal	콜리샐러드 309kcal + 저지방우유 (200㎖) 80kcal	구운연어랩샐러드 318kcal + 씨드푸딩 167kcal
점심	중화풍해물순두부덮밥 487kcal + 콜리플라워피클 35kcal	바다내음비빔밥 494kcal	카프레제냉파스타 516kcal
저녁	퀴노아스테이크 487kcal + 사과주스 (100㎖) 50kcal	소고기숙주팟타이 492kcal + 과일(키위) (160g) 50kcal	소고기소보로덮밥 491kcal

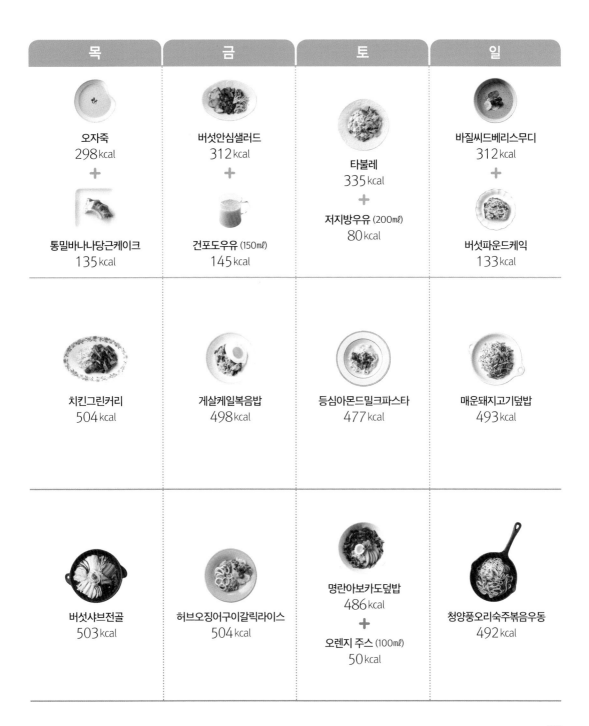

목	금	토	일
오자죽 298kcal + 통밀바나나당근케이크 135kcal	버섯안심샐러드 312kcal + 건포도우유 (150㎖) 145kcal	타불레 335kcal + 저지방우유 (200㎖) 80kcal	바질씨드베리스무디 312kcal + 버섯파운드케익 133kcal
치킨그린커리 504kcal	게살케일볶음밥 498kcal	등심아몬드밀크파스타 477kcal	매운돼지고기덮밥 493kcal
버섯샤브전골 503kcal	허브오징어구이갈릭라이스 504kcal	명란아보카도덮밥 486kcal + 오렌지 주스 (100㎖) 50kcal	청양풍오리숙주볶음우동 492kcal

메뉴기획	김혜경, 이은진(CJ프레시웨이 메뉴R&D팀)
요리	이은진, 박재상, 반주현, 이용규, 최석우, 정지원, 최세웅(CJ프레시웨이 메뉴R&D팀)
푸드스타일링	김혜경(CJ프레시웨이 메뉴R&D팀)
어시스트	양수정, 강수지

대사증후군 식사 가이드

초판 1쇄 발행 2018년 11월 10일
초판 3쇄 발행 2023년 12월 18일

지은이 강남세브란스병원 이지원 교수 · 영양팀, CJ프레시웨이
펴낸이 김영조
편집 김시연 | **디자인** 이병옥 | **마케팅** 김민수, 조애리 | **제작** 김경묵 | **경영지원** 정은진
사진 이과용, 박상국, 이현실, 이예린 | **외주디자인** ALL design group
펴낸곳 싸이프레스 | **주소** 서울시 마포구 양화로7길 44, 3층
전화 02-335-0385/0399 | **팩스** 02-335-0397
이메일 cypressbook1@naver.com | **홈페이지** www.cypressbook.co.kr
블로그 blog.naver.com/cypressbook1 | **포스트** post.naver.com/cypressbook1
인스타그램 싸이프레스 @cypress_book | 싸이클 @cycle_book
출판등록 2009년 11월 3일 제2010-000105호

ISBN 979-11-6032-051-0   13590